卷首语

《建造师》伴随中国首批建造师的诞生而出版，她也必将伴随建造师事业的蓬勃发展而不断提升其权威性和影响力。

《建造师》作为中国首家专为建造师服务的专业出版物，其宗旨是服务于建造师、服务于行业、服务于政府。力争体现政策性、知识性、科学性、实用性和趣味性的特点。《建造师》将涵盖特别关注、学术论坛、经验交流、国外建造师、名人专访、建造师风采、事故警示、政策法规、考试指南等方面的内容。特别关注包括工程建设管理方面的最新动态及相关热点的研究和探讨；学术论坛包括工程建设管理方面的理论和知识的学习、研究、探讨及创新；经验交流包括源于工程建设管理实践的新经验、新方法及典型成功案例等的介绍和展示；国外建造师包括国际建造师组织之间交流、研讨和相互访问；名人专访包括对建设行政主管部门、勘察、设计、施工、监理、招标代理、造价咨询等方面的名家专访；建造师风采包括优秀项目经理、名建造师事迹采访；事故警示包括工程建设管理实践中具有教训意义的方法、案例的剖析；考试指南包括考试制度研究、试题分析、考试经验交流等。鉴于此，《建造师》将会在业内起到平台、参谋和纽带的作用。

《建造师》是平台。《建造师》出版的宗旨和栏目的设置将为社会、行业提供一个学习、研究和信息交流的平台，将对建设行业的发展、工程管理水平的提升起到积极的促进作用。

《建造师》是参谋。《建造师》以行业庞大的专家和学者队伍为支撑，提供大容量的行业发展信息，为政府建立和完善建造师执业资格制度发挥作用。

《建造师》是纽带。《建造师》可以促进政府和社会、专家学者和一般从业人员、中国建造师与国外建造师互动。

《建造师》首期将邀请国家有关主管部门的领导、行业知名的专家教授，就我国建造师制度的创立、建造师的定位、建造师的特点、建造师制度的发展与完善等方面的内容进行阐释和研讨，向广大读者介绍国外建造师制度的建立和发展，诠释中国建造师与国外建造师的异同，探索中国建造师与国外建造师互认的有关问题等，既可以起到宣传和介绍的作用，也可以起到抛砖引玉的作用。

敬请关心建造师事业的有关主管部门领导、有关专家学者以及广大的建造师，来共同关心和培育《建造师》，让她与我们的建造师事业一起健康成长，不断壮大。❖

图书在版编目（CIP）数据

建造师 1/《建造师》编委会编.—北京：中国建筑工业出版社，2005

ISBN 7-112-07763-X

Ⅰ.建… Ⅱ.建… Ⅲ.建造师—资格考核—自学参考资料 Ⅳ.TU

中国版本图书馆 CIP 数据核字（2005）第 098951 号

责任编辑 张礼庆 封 毅

特邀编辑 杨智慧 魏智成 白 俊

《建造师》编辑部

地址：北京百万庄中国建筑工业出版社

邮编：100037

电话：(010)58934831 58933863 68314843(传真)

E-mail:jzs@china-abp.com.cn

建造师 1

《建造师》编委会编

*

中国建筑工业出版社出版、发行(北京西郊百万庄)

新华书店经销

北京红金牛数据技术有限公司排版

北京蓝海印刷有限公司印刷

*

开本：880×1230 毫米 1/16 印张：5¼ 字数：166 千字

2005 年 8 月第一版 2005 年 8 月第一次印刷

定价：**10.00** 元

ISBN 7-112-07763-X

(13717)

本社网址：http://www.china-abp.com.cn

网上书店：http://www.china-building.com.cn

目 录 CONT

卷首语

特别关注

专家论坛

漫话建造师

国外建造师

考试指南

本社书籍可通过以下联系方法购买。
本社地址：北京西郊百万庄
邮政编码：100037
发行部电话：(010)58934816
传真：(010)68344279
邮购咨询电话：
(010)51986777或51986999
转19\20\21\22

《建造师》顾问委员会及编委会

我国实行建造师执业资格制度的发展历程

◆缪长江

2002年12月5日，人事部、建设部联合发布了《关于印发〈建造师执业资格制度暂行规定〉的通知》（人发[2002]111号），结束了近8年的研究和论证工作，标志着我国建造师执业资格制度正式施行。建立建造师执业资格制度是一项重要的改革举措和制度创新，对我国建设事业的发展必将产生重大而深远的影响。

一、历史沿革及调研论证

20世纪80年代中期，我国开始在施工企业中推行项目法施工，逐渐形成了以项目经理负责制为基础、工程项目管理为核心的施工管理体制。1992年7月，建设部发布了《建筑施工企业项目经理资质管理试行办法》，开始对施工企业项目经理实行资格审批管理制度。目前经各级政府主管部门批准已取得项目经理资格证书达100多万人，其中一级项目经理约13万人。将施工企业项目经理的行政审批管理改为严格的建造师执业资格注册管理制度，不仅填补了工程建设领域施工阶段执业资格制度的空白，而且符合市场经济发展和政府职能转变的要求。

按照国务院的部署，建设部于2002年在清理行政审批时研究决定并向国务院正式报告，在建立建造师执业资格制度的同时，取消对施工企业项目经理资格的行政审批。

建设部从1994年开始研究建立建造师执业资格制度，多次召开由铁道部、信息产业部、水利部、交通部、民航总局、中国建筑业协会、中国公路建设协会、中国煤炭建设协会、中国冶金建设协会、中国水运建设协会以及有关地方建设厅（委、局）、有关国资委管理的大型企业、有关中小型企业及有关高校参加的座谈会和研讨会，对建立建造师执业资格制度的必要性、可行性进行了长期的充分论证。同时，了解、研究国外相关执业资格制度的建设、实施与管理情况，查阅了大量资料，并邀请有关专家来华进行交流，建设部也组团到欧美有关国家进行考察，参加国际建造师学会年会。经过深入调研、反复论证，各方面达成共识：在我国建立建造师执业资格制度有利于提高工程施工管理人员素质和管理水平，加强建设工程施工管理，保证工程质量和施工安全。

二、建立建造师执业资格制度的必要性

改革开放以来，建设工程领域在其建设规模和管理形式等多方面发生了很大变化，法律法规和管理办法不断完善与配套，相继出台了一系列的改革政策和措施，这对建设工程领域的发展与规范发挥了重要作用。2000年，建设部向温家宝同志汇报深化建设体制改革设想时提出："调整和完善现行的专业技术人员注册分类，在现有注册建筑师、结构工程师、监理工程师、造价师的基础上，增设建造师。实行建造师执业资格制度后，大中型项目的建筑业企业项目经理须逐步由取得注册建造师资格的人员担任，以提高项目经理素质，保证工程质量。"这为我国建立建造师执业资格制度指明了方向。建造师执业资格制度的建立是深化建设管理体制改革的需要。

建造师执业资格制度建立前，我国已在城市规划、房地产、勘察设计、监理等领域为专业技术人员设立了城市规划师、房地产估价师、建筑师、结构工程师、监理工程师等执业资格制度。而在从事施工管理的广大专业技术人员中，特别是施工企业的项目经理中，未建立起严格的、经考核和注册的执业资格制度，

而是沿袭传统的、实行政府行政审批的资格管理做法。根据《国务院关于取消第二批行政审批项目和改变一批行政审批项目管理方式的决定》中:"取消建筑施工企业项目经理资质核准，由注册建造师代替，并设立过渡期"(国发[2003]5号)的规定，将建筑业企业项目经理的行政审批管理制度改为建造师执业资格制度，不仅填补了建设工程施工阶段的专业技术人员执业资格注册制度的空白，而且符合社会主义市场经济发展和政府职能转变的要求。建造师执业资格制度的建立是完善建设工程领域执业资格体系的重要内容。

目前我国建设规模庞大，每年有约40万个在建项目，建设投资规模达十多万亿元，施工企业超过10万家，从业人员近4000万，然而，施工企业项目经理队伍的人员素质和管理水平参差不齐，专业理论水平和文化程度总体偏低，工程质量、安全形势不容乐观。《中华人民共和国招标投标法》中规定:投标文件的内容应当包括拟派出的项目负责人与主要技术人员的简历、业绩等。《建设工程质量管理条例》中也规定:施工单位对建设工程的施工质量负责。施工单位应当建立质量责任制，确定工程项目的项目经理、技术负责人和施工管理负责人。因此，施工项目负责人对于工程的质量、安全有着举足轻重的作用。企业聘任经考试并取得执业资格的建造师担任施工企业项目经理，有助于促进其素质和管理水平的提高，有利于保证工程项目的顺利实施。建造师执业资格制度的建立是规范建筑市场秩序、保证工程质量安全的重要举措。

建造师执业资格制度起源于英国，目前，世界上一些发达国家均建立起该项制度。在我国已加入世贸组织的今天，我们不仅要积极应对国外承包商的激烈竞争，同时还要把握机遇，积极组织开拓国际建筑市场。而建造师执业资格制度的建立，一批综合素质较高、能够被国际认同的工程管理人才将脱颖而出，从而有助于提高我国对外承包工程的能力，加大在国际建筑市场中的占有份额。建造师执业资格制度的建立是与国际接轨、开拓国际建筑市场的客观要求。

三、建造师的定位与职责

建造师是从事建设工程项目总承包及施工管理工作的专业技术人员，是以专业技术为依托、以工程项目管理为主业的执业注册人士(近期以施工管理为主)，是善管理、懂技术、懂经济、懂法规，综合素质较高的复合型人才。

建造师既要有一定的理论水平，也要有丰富的实践经验和较强的组织能力;既要有相应的学历、专业、工作年限和从业经历，也要通过执业资格考试;既能综合处理好建设工程项目实施过程中具有普遍性的问题，也要有驾驭全局的能力，还能科学地处理好具体专业技术问题;既要通过考试获取资格，也须通过注册而执业。

建造师注册受聘后，可以建造师的名义担任建设工程项目施工的项目经理、从事其他施工活动的管理、从事法律、行政法规或国务院建设行政主管部门规定的其他业务。

四、建造师与项目经理

注册建造师是一种执业资格，并且是"一师多岗"，担任建设工程项目施工的项目经理只是其中的一个岗位、一项工作。今后大中型工程项目的项目经理必须逐步由注册建造师担任，但由哪一位建造师担任具体项目的项目经理则由企业自主决定。

而项目经理则是企业内设置的岗位，是企业法定代表人在建设工程项目上的委托代理人，仅负责某一具体项目的施工管理，是特定环境下的组织领导者。

此外，建造师的资格通过统一考试取得，现行的项目经理资格是通过短期培训后，通过行政审批的方式取得。报考建造师有相应的学历和从业年限的要求，一级建造师的最低标准是大专学历，工作满6年，从事工程施工管理工作满4年，而现行的项目经理资质管理中对学历等没有提出要求。建造师是符合国际惯例的专业人士，可以取得国际互认，对于开拓国际市场无疑会起到积极作用，而项目经理是企业任命，不具备统一的执业资格市场准入条件。

虽然，建造师和项目经理在概念上有着本质的区别，但两者都是围绕工程项目开展工作或从事活动，目标都是建设工程项目，都是针对项目进行计划、组织、指挥、协调和控制，服务的顾主都是建设工程项目的业主，在项目实施过程中，都应遵守相关的法律、法

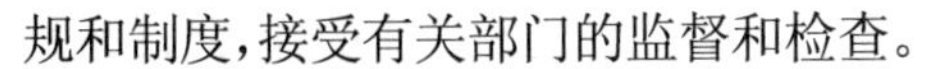

规和制度，接受有关部门的监督和检查。

根据国发[2003]5号文的精神，建设部制定并发布了《关于建筑业企业项目经理资质管理制度向建造师执业资格制度过渡有关问题的通知》（建市[2003]86号），文件明确规定过渡期为5年，规定了过渡期间应注意衔接的有关事项。

2008年2月27日过渡期结束后，所有项目经理资质证书停止使用。过渡期内，凡需考核企业项目经理人数时，企业取得项目经理资质证书和取得注册建造师证书的人数合并计算，一级建造师对应一级项目经理，二级建造师对应二级项目经理。过渡期内，具有项目经理资质的人员，只要符合考核认定的全部条件，可参加一次性的建造师执业资格考核认定，符合部分免试条件的，在参加考试时，可免试部分科目。

五、建造师的级别与专业

建造师分为一级建造师和二级建造师。一级建造师具有较高的标准、较高的素质和管理水平，有利于开展国际互认。设立二级建造师主要是考虑我国建设工程项目量大面广，项目规模差异悬殊，投资额大到几十亿元甚至更多，小至几十万元甚至几万元。项目难易差别较大，常规工程简单，特殊工程、重点工程较为复杂。各地经济、文化和社会发展水平差异较大，以及不同工程项目对管理人员的要求也不尽相同。

如果将建造师的标准普遍定得过高，则无法满足全国范围内或局部范围内的建设工程对工程项目管理人员数量的实际需求；如果建造师的标准过低，相当一部分建造师将没有能力承担大型或复杂工程，这会影响我国建设工程的总体发展，同时也影响我国建造师队伍整体水平的不断提高。建造师的分级管理既有利于满足不同建设工程项目对管理人员要求不同的特点，也有利于满足建设工程对管理人员在数量上的实际需求。分级管理还有利于与现行项目经理资质管理制度相衔接，实现平稳过渡。

不同类型、不同性质的工程项目，在施工技术与管理方面有着各自的特点，它们的实施以各自不同的专业知识及规章作为支撑。为了充分发挥建造师个人的专业优势，同时考虑我国现行教育体系中的学科专业设置，考虑我国现行建设工程施工资质的专业化管理，考虑我国目前除建设部外，国务院还有一些部委具有对相关专业工程项目的监管职能，各地方也存在着类似的状况，考虑我国建设工程的各个领域内，施工企业以及投资方、业主、设计单位、监理单位、质量监督单位和有关管理部门，均按专业对工程项目进行运作和管理，对专业划分有着较为深刻和传统的概念与意识等现实，需做好管理体制上的衔接，经过多方研究，在既综合体现现行管理体制又力求有所突破的思想指导下，建设部在《关于建造师专业划分有关问题的通知》（建市[2003]232号）中将建造师划分为14个专业，即：房屋建筑工程、公路工程、铁路工程、民航机场工程、港口与航道工程、水利水电工程、电力工程、矿山工程、冶炼工程、石油化工工程、市政公用工程、通信与广电工程、机电安装工程、装饰装修工程。

六、建造师的考核认定

人事部、建设部联合颁布《建造师执业资格考核认定办法》（国人部发[2004]16号）规定，在实施建造师执业资格考试之前，对长期在建设工程项目总承包及施工管理岗位上工作、具有较高理论水平与丰富实践经验、并受聘高级专业技术职务的人员，通过考核，认定一批建造师。申报一级建造师执业资格考核认定的人员须具有高级专业技术职称、具有工程或工程经济类学历、具有相应的工作年限、取得全国工程总承包项目经理岗位培训证书或建筑业企业一级项目经理资质证书、具有从事大型工程的工程业绩。

《建造师执业资格考核认定办法》还规定了考核认定的申报条件、申报材料、申报组织、申报程序和其他具体要求，编制了与建造师专业相对应的新旧学科专业对照表，这是迄今为止各类执业资格考试中最为完整的一个学科新旧专业对照表。建设部发布的《建造师执业资格考核认定实施意见》（建市函[2004]56号），对考核认定的有关具体工作做出进一步规定，编制了与建造师专业相对应的大型工程一览表。

人事部、建设部共同成立“一级建造师执业资格考核认定工作领导小组”，负责一级建造师执业资格的考核认定工作。领导小组下设办公室负责办理有关具体事宜。

考核认定文件发布后，建设部在北京召开了有250人参加的宣贯会，与此同时在“中国建造师网”（www.coc.gov.cn）上进行了网上答疑。

一级建造师执业资格考核认定评审工作于2004年6月在河北廊坊进行，在人事部和建设部的组织下，338位专家对全国24000多份申报材料进行了评审，评审结果经领导小组批准后，向社会公示接受监督；2004年9月建设部又组织专家，对申请复议的材料进行了复审。经过审核与复审，全国共有19585人通过了一级建造师执业资格考核认定。

与此同时，建设部于2004年5月发布了《二级建造师执业资格考核认定指导意见》（建市[2004]85号），要求各地结合本地实际情况参照执行。全国范围内的二级建造师执业资格考核认定工作随即全面展开，据初步估计，全国约10多万人通过二级建造师考核认定。

七、建造师考试大纲

根据人发[2002]111号文的规定：一级建造师执业资格实行全国统一大纲、统一命题、统一组织、统一时间的考试制度，由人事部、建设部共同组织实施。

建设部组织国务院有关专业部门、有关行业协会、有关国资委管理的大型企业和有关高校，共计近600名专家学者，编制了一级建造师执业资格考试大纲和考试用书32册、二级建造师执业资格考试大纲和考试用书23册。为做好考试大纲的编制工作，建设部建筑市场管理司及各专业大纲编写委员会曾先后召开了150多次工作会议进行研究、修订和完善。考试大纲的总体水平与国内外同类执业资格考试大纲水平大致相当，适用于那些具有大专及以上学历（一级考试大纲）或中专及以上学历（二级考试大纲）且毕业时间不长的建设工程项目施工管理者；《考试大纲》重点体现了“五个特性”和“六个结合”，即体现“综合性、实践性、通用性、国际性和前瞻性”，坚持“与建造师的定位相结合，与高校专业学科设置相结合，与现行工程建设标准相结合，与现行法律法规相结合，与国际通行做法相结合，与目前项目经理资质管理制度向建造师执业资格制度平稳过渡相结合”；考试大纲的深度及广度与高校专业学历教育相适宜，并满足现实工作的需要，注重检验考生解决实际工作问题的能力；尽量避免综合《考试大纲》与专业《考试大纲》在内容上的重复；《考试大纲》采用“纲目式”结构，按章、节、目、条4个层次设置，并对知识点的具体要求用“掌握”、“熟悉”、“了解”予以表述；《考试大纲》中的章、节、目、条均统一用编码表示；各科《考试大纲》的知识点数量及其要求实现了高度统一。

《一级建造师执业资格考试大纲》和《二级建造师执业资格考试大纲》已分别于2004年4月和11月正式出版发行。

八、建造师考试制度

为了做好考试的各项工作，人事部和建设部联合发布了《建造师执业资格考试实施办法》（国人部发[2004]16号），对相关工作进行了规定。

建设部、人事部共同成立建造师执业资格考试办公室，负责研究建造师执业资格考试相关政策。一级建造师执业资格考试的具体考务工作由人事部人事考试中心负责。

凡遵守国家法律、法规，具备相应的学历、工作年限和从业年限的人员，均可申请参加一级建造师执业资格考试。

建造师考试内容分为综合知识与能力和专业知识与能力两部分。一级的“综合”考试科目为《建设工程经济》、《建设工程项目管理》、《建设工程法规及相关知识》，“专业”考试科目为《专业工程管理与实务》，共4科。二级的“综合”考试科目为《建设工程施工管理》、《建设工程法规及相关知识》，“专业”考试科目为《专业工程管理与实务》，共3科。

符合报名条件，并于2003年12月31日前，取得建设部颁发的《建筑业企业一级项目经理资质证书》，且受聘担任工程或工程经济类高级专业技术职务并从事建设项目施工管理工作满20年的人员，可免试《建设工程经济》和《建设工程项目管理》2个科目。

一级建造师执业资格考试分4个半天，以纸笔作答方式进行。《建设工程经济》考2小时，《建设工程法规及相关知识》和《建设工程项目管理》各考3小时，《专业工程管理与实务》考4小时。二级建造师执业资格考试分 3 个半天，以纸笔作答方式进行。《建设工程施工管理》考 3 小时，《建设工程法规及相关知识》 考 2 小时，《专业工程管理与实务》考 3 小时。

一级建造师执业资格考试时间定在每年的第三季度。

考试成绩实行 2 年为一个周期的滚动管理办法，参加全部 4 个科目考试的人员必须在连续的两个考试年度内通过全部科目；免试部分科目的人员必须在一个考试年度内通过应试科目。

参加一级建造师执业资格考试合格，由各省、自治区、直辖市人事部门颁发人事部统一印制，人事部、建设部用印的《中华人民共和国一级建造师执业资格证书》。该证书在全国范围内有效。

九、建造师考前培训

据初步估计，每年参加一级建造师考试的人员约 30 万人，参加二级建造师考试的人员约 80 万人，培训工作量是巨大的。为保证考试质量，使培训工作健康有序地开展，培训工作应遵循“培训与考试分开”思想，并按如下“五原则”展开。

政府规划的原则。要严格执行国家有关培训工作法律法规和规章制度，并由建设部对培训工作进行统筹规划，明确培训工作的指导思想、培训单位资格条件、师资资格条件等。

行业指导的原则。国务院有关部门、各地建设行政主管部门和各有关行业协会，负责对培训单位的工作进行指导，并对各培训单位培训工作进行监督管理，保护接受培训人员的合法权益。

培训单位组织的原则。各培训单位负责组织具体培训工作，保证培训质量，建立起良好的诚信机制。

市场化运作的原则。各培训单位要自觉遵照国家和当地有关培训工作的规章制度，接受行业主管部门和协会的指导，结合市场需求制订各自的培训方案和培训计划。

考生自愿参加的原则。考生根据自身情况决定是否参加培训，并选择培训单位和培训方式。

培训方式包括授课培训、远程网络培训等多种形式。

十、组织建造师考试命题

建设部多次组织会议研究考试及考试试题设置等有关问题，反复强调，建造师考试及其命题要紧密结合建造师定位，充分考虑建设行业量大面广、广大施工管理人员脱产培训难的特点，结合项目经理资质管理制度向建造师执业资格制度过渡的过渡期管理工作，引导建造师制度的良好启动与健康发展，促进施工管理人员素质的提高，使我国建造师执业资格制度逐步与国际接轨。通过考试选拔既有理论水平又有实践经验的优秀人才，尽量避免“会干不会考，会考不会干”的情况，考试题目保持与其他执业资格考试的相对难度大体相当，同时注意建造师各专业考试难度大体平衡。严格遵循《考试大纲》和有关考试、考务文件，保证考题难易、大小、长短、宽窄适中，题目简明准确。

人事部和建设部确定了首次全国一级建造师执业资格考试时间后，发布了考试通知和考务通知，并于 2005 年 1 月组织 17 个考试科目的 130 名专家学者进行考试命题。参加首次考试的考生达 28.5 万人。

建设部参照已执行的有关执业资格考试收费标准，并根据“以收抵支，收支平衡”的原则，对建造师的考试收费进行了反复测算，确定合理的收费标准，并由国家发改委和财政部发布《关于核定注册建造师执业资格考试收费标准的通知》（价格字[2004]2389 号）批准。❖

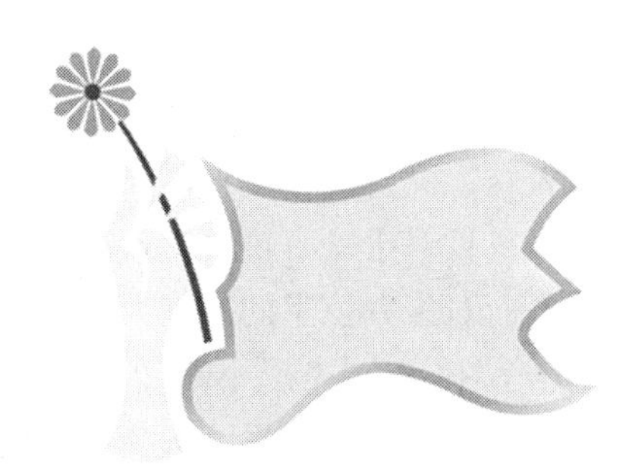

面对面：首次考试顺利结束 考生与命题组对话

一级建造师执业资格首次考试于2005年3月12~13日在全国各地如期举行。为了及时了解首次考试的情况，建设部市场管理司和建设部执业资格注册中心于3月14日邀请部分在京考生，与考试命题组专家及考试大纲主编进行了面对面的交谈。

这些考生覆盖了一级建造师的14个专业。他们当中既有考四科的，也有部分免试只需考两科的；既有参加工作20多年的中年同志，也有参加工作刚满5年的年轻同志；既有长期在企业施工生产一线担任项目经理的同志，也有在企业工程管理部门从事工程管理的同志。

座谈始终是在热烈、轻松、坦诚的气氛下进行的。结合其他类别的执业资格考试，考生们普遍反映建造师考题的难易度和题量比较切合实际，整个考试与实际工作结合比较紧密。总体感觉三门综合科目的考题不太难，并且没有太多需要死记硬背的东西，专业实务科目对于从事项目管理工作的人员来说感觉不难，而对坐办公室的工作人员来说有一定的难度。虽然考生们都说考题不难，但他们同时也承认此次专家们的命题很有水平。选择题的题目看似简单，但却暗设“陷阱”，若审题不细，则很容易失分；选择题的备选答案中的干扰项做得特别好，让人感觉哪个都像又都不像正确答案。案例题虽然都能答出来，但是否能准确地答到采分点上，大家都感觉把握不大。不过，大家都表示如果这次没有通过，则会更积极地准备，并更有信心参加下一次的考试。

考试的依据是考试大纲，但是为了便于应考人员复习备考，有关专家根据考试大纲编写了建造师考试用书。由于考试用书内容涉猎广泛，考生们普遍反映在复习备考的过程中，的确学到了很多建造师从业所需要的理论知识，是一次查缺补漏的过程，对自己的实际工作有直接的帮助。

当然，考生也指出考试用书还有待改善。书中内容过于简练、浓缩，许多人还要翻阅很多资料来辅助阅读，而且有的内容过时，有的内容与现行标准规范不符，有的内容在专业工程管理与实务书中的论述与在综合科目书中的论述不一致，还有的内容有争议。考生们呼吁尽快修订、完善这套考试用书，以减少复习的障碍。

大部分考生在考前都参加了各类培训班、冲刺班、串讲班，感觉师资队伍良莠不齐，学习效果差距很大。另外，由于考生大都忙碌在生产一线，个别的考生需要长期在国外工作，很难抽出整块的时间来复习，所以有考生建议能否举办一些利用八小时之外的时间上课的培训班，或者是办网络培训班，以解实际之需。

关于考试成绩滚动管理的问题，有考生提出可否将滚动周期延长至3年。

针对考生们关心的问题，建设部市场管理司缪长江同志一一做了解答。他首先向考生们阐述了两个概念，即什么是建造师、建造师与项目经理的区别。建造师体现在其知识的综合性、能力的全面性、资源的整合性、对各种复杂关系的协调性以及其经营范围的国际性。建造师与项目经理的岗位不一样，建造师可以一师多岗；建造师资格的取得是通过考试，而项目经理资格的取得是靠行政审批；建造师与项目经理的学历要求不一样；从业年限不一样；执业范围也不一样（编辑按：有关这两者关系具体见本书“建造师与项目经理的关系”一文）。

随后，缪长江同志坦率地向考生们解释了这次考试的命题理念。第一是要保证难易适中。我国现有达100万人之多的庞大存量的项目经理队伍，很多水平高、能力强的项目经理长期忙碌在现场，少有时间复习备考。这就要求命题要重应用更重解决实际问题的能力。第二是考虑了建造师考试市场的培育需要由浅入深，缓缓启动。第三是要保证顺利实现行业队伍转化的目标，一定要有在保质的前提下达到一定量的建造师队伍。第四是考题不许超纲。至于考试成绩的滚动管理周期，因有文件约束，很难突破。

至于培训问题，缪长江同志强调，建造师实行的是“考培分离”的原则，应考人员要慎重选择培训单位。

考试大纲和考试用书的修订工作已经启动。修订原则是：删除引用的已被废止的法律、法规、规章和规范等条文，扩展内容，要充分考虑建造师的实践性需要，内容要紧扣实际，而且应是目前行业达成共识的定论，有争议的观点不列入。

最后，缪长江同志透露，建设部已将建造师考试命题模式的改革研究列入2005年部级研究课题。执业资格考试不仅仅对从业人员有影响，更会对国民教育产生深远的影响。因此，命题模式的改革研究是考试制度的建立和发展的核心任务。命题模式的改革研究主要涉及命题的组织形式、考试内容、题型、题量等。由衷希望建造师考试能为各类执业资格考试探索出一种新模式，不但能测试出应试者的知识水平，更能科学、准确地测试出应试者解决实际问题的能力。

据悉，这种考试后的师生见面会在各类执业资格考试中尚属首次。在大兴求真务实之风的今日，考生们迫切需要这种实实在在的、直截了当的沟通方式，使得处于信息不对称的考生们及时地了解到真实的情况，并有途径能及时地反映、解决实际问题。期待建造师的明天会更好！❖

中国建造师执业资格教育及考试标准

◆刘伊生

一、建造师的教育标准与执业范围

1. 教育标准与知识体系

从英、美等发达国家的情况看，建造师的执业资格教育均与高等院校的专业教育紧密结合。相关专业的学生毕业后，建造师学会按照其会员培养计划，给予专门的培训和考核。待培训计划完成后，个人即获得建造师执业资格。或者在有的国家，将建造师的培训计划纳入大学教育之中，学生毕业后可直接获得执业资格。

我国的建造师执业资格制度刚刚开始实行，尚未建立相应的执业资格教育标准。但建造师作为以专业技术为依托、以建设工程项目管理为主业的专业人士，其知识体系应包括：

（1）工程技术——有关专业工程材料、结构、施工及安装技术等。

（2）工程经济——资金的时间价值、方案比选方法、价值工程、寿命周期成本等。

（3）项目管理——项目建设程序、项目策划与决策、项目组织管理、项目目标控制方法和手段等。

（4）法律法规——与工程建设有关的法律法规、工程建设强制性标准及有关行业的管理规定等。

目前，我国有200多所高等院校设有工程管理专业，其课程体系虽有差异，但基本上都是按照上述知识体系而构建。这些高等院校所培养的工程管理专业人才将是我国建造师执业队伍的主要来源。特别是我国目前组织进行的高等教育工程管理等相关专业的评估互认工作，为建造师执业资格的国际互认创造了良好条件。

我们应在进一步明确我国建造师定位的基础上，结合我国实际情况，研究建造师执业资格能力框架体系，并将建造师的执业资格教育与高等院校的专业教育紧密结合。

2. 执业范围及其拓展

根据人事部、建设部[2002]111号《建造师执业资格制度暂行规定》，建造师的执业范围包括：

（1）担任建设工程项目施工的项目经理；

（2）从事其他施工活动的管理工作；

（3）法律、行政法规或国务院建设行政主管部门规定的其他业务。

在现阶段，建造师主要是在承包单位从事建设工程施工项目管理工作。但从国际上建设工程管理的发展趋势看，越来越多的业主需要提供项目全寿命期的服务。拓展我国建造师的执业范围成为一个必然，这不仅是国际上项目管理专业人士执业范围的发展方向，同时，建造师的知识体系也使其提供项目全寿命期的服务成为可能。

从发展趋势看，建造师的工作岗位不应仅仅局限于承包单位，可以分布于业主、咨询监理机构、承包单位、供应商、政府部门、教学科研机构等之中。建造师的业务范围不应仅仅局限于建设工程施工阶段，可以是建设工程项目的全寿命期管理：

●工程建设前期——项目策划、辅助决策等；

●工程建设期——招标与投标、设计管理、施工管理、物资采购管理等；

●工程运营期——设施维护管理、设备采购管理等。

建造师执业范围的拓展已在《建设工程项目管理试行办法》（建市[2004]200号）中有较为充分的体现。

二、建造师执业资格考试

1. 考试内容和方式

我国的建造师执业资格考试包括两部分内容，即：

（1）综合知识与能力——建设工程经济、建设

工程项目管理、建设工程法规及相关知识。

（2）专业知识与能力——专业工程技术、项目管理实务、法规及相关知识。

考试大纲的出发点是比较理想的：

（1）综合考试部分——突出对基础理论知识的了解和掌握，侧重工程项目的综合性管理，体现综合能力的考核。

（2）专业考试部分——突出对基础理论知识的熟练运用，侧重专业工程项目的管理，体现专业能力的考核。

但从考试的现实情况看，由于采用单一的闭卷笔试方式，使得我国建造师执业资格考试的实际效果与考试大纲的理想出发点之间存在较大的差距。闭卷笔试方式虽然可以较好地考核考生对建造师综合知识、专业知识的掌握程度，但对于建造师的能力却很难得到有效的考核。尽管能通过试卷作答考核考生一定的分析问题和解决问题的能力，但是像组织协调能力、沟通能力等的考核却很难通过笔试试卷体现出来。由此可见，借鉴西方发达国家及地区执业资格考试方式，有必要改革我国建造师执业资格考试方式。

2. 考试题型及命题中需要注意的问题

同我国其他多数执业资格考试一样，建造师执业资格考试分为客观题和主观题两种题型。

客观题（包括单项选择题、多项选择题）的优点是可以广泛地覆盖需要考核的知识点，而且评判标准惟一，能够较为客观地考核考生对建造师综合知识和专业知识的掌握程度。但其不足在于，并不是所有知识点都能通过单项或多项选择题进行考核的，有的知识点可能并不适宜于单项或多项选择题。

主观题（案例分析题）的优点是通过提供建设工程项目的一些背景资料，能够考核考生的一些分析问题、解决问题的综合能力。但是，由于追求答案的惟一性，使得案例分析名不实。

为了在执业资格考试中能够全面考核考生的知识和能力，我们在改革考试方式、考试题型的同时，在命题方面也应注意不断提高水平。纵观我国工程建设领域执业资格考试命题，以下问题期望能得到避免。

（1）客观题——实用价值不大、科学性较差、文法不通等。

示例一：××属于建设工程项目目标控制的（　　）措施。

A. 组织　　B. 技术　　C. 经济　　D. 合同

示例二：属于建设工程项目目标控制××措施的是（　　）。

A. ××　　B. ××　　C. ××　　D. ××

示例一和示例二的实用价值并不大，因为在建设工程项目管理实践中，通过费用效益分析，能够确定可行、合理的项目目标控制措施即可，而无须严格区分何种措施。主要是有些措施是无法归属于一种措施的，如计划编制、索赔等。

示例三：工程咨询具有（　　）。

A. 科学性　　B. 综合性　　C. 系统性

D. 实践性　　E. 理论性

示例四：根据《建设工程安全生产管理条例》，工程监理单位和监理工程师应当按照法律、法规和（　　）实施监理。

A. 建设工程监理规范　B. 工程建设强制性标准

C. 建设工程监理细则　D. 建设工程施工合同

在有的考试用书中阐明，工程咨询具有科学性、综合性、系统性和实践性，但并意味着工程咨询不具有理论性。同样，《建设工程安全生产管理条例》中规定，工程监理单位和监理工程师应当按照法律、法规和工程建设强制性标准实施监理，并不意味着建设工程监理规范、建设工程监理细则、建设工程施工合同等不是工程监理单位和监理工程师实施监理的依据。确保试题的科学、严密，并避免考生死记硬背考试用书或法规内容是命题中需要特别注意的问题。

示例五：在非代理型CM模式中，合同价是（　　）。

A. ××费　　B. ××费

C. 计价原则和方式　　D. ××费

示例六：项目管理最基本的方法论是（　　）。

A. 系统论　　B. 信息论

C. 组织论　　D. 动态控制

示例七：建设工程设计阶段和施工阶段项目管理的特点是（　　）。

A. 设计阶段××　　B. 设计阶段××

C. 施工阶段××　　D. 施工阶段××

在示例五和示例六中，题干与选项合在一起文法不通的，如示例五中的C和示例六中的D，恰恰是希望考生回答的正确选项。而在示例七中，事实上根本没有正确选项。因为题干中要求回答的是建设工程设计、施工两个阶段项目管理的特点，而任何一个选项只能回答一个阶段的项目管理特点，题干与选项不匹配。这类试题需要在命题中避免。

（2）主观题——背景资料与问题的相关性差、问题存在歧义性等。

在有的案例分析题中，所提出的问题与题目所给的背景资料几乎没有关系，只是一个问答题而已。有的问题设问不明确，容易造成歧义。如对××事件“如何处理”之类的问题，对考生而言很难确定，是从技术的角度回答还是从管理的角度回答；是回答处理程序还是回答处理方法。

3.增加考试内容的建议

考虑国际上发展趋势，并结合我国建设工程实际情况，建议在今后的考试大纲中至少增加下列内容：

（1）一体化管理体系

由于三大标准（ISO9000、ISO14000、OHSMS18000）的问世时间不同，组织最初总是分别采用这些标准建立各自的管理体系。但是，三大标准毕竟都属于管理性标准，况且这些管理体系又有许多交叉重叠之处。如它们的核心内容相同、基本结构十分接近、管理性内容要求相同、对管理体系建立的原则和实施的方法要求一致等。如果仍然分别建立各自的体系，难免给组织带来工作重复、资源浪费，并使管理效率、效益受到影响。而解决这一问题的最佳途径，就是组织实施全面一体化管理。

（2）质量成本与工期成本

工期成本需结合工程网络计划技术使考生能有更进一步的了解和掌握。

质量成本是指将产品质量保持在规定的质量水平上所需要的费用，以及当没有获得满意质量时所遭受的损失。质量成本包括：

●运行质量成本——为达到和确保所规定的项目质量水平所支付的费用，包括：预防成本、鉴定成本、内部损失成本（项目交付前质量不符合要求而支付的费用）、外部损失成本（项目交付后质量不符合要求而支付的费用）。

●外部质量保证成本——指在合同环境条件下，根据用户提出的要求而提供客观证据的演示和证明所支付的费用，包括：为提供特殊的和附加的质量保证措施等支付的费用；产品的证实试验和评定的费用；为满足用户要求，进行质量管理体系认证所支付的费用。

三、建造师继续教育

1.继续教育的必要性

我国的执业资格考试是一种市场准入的考试。多数人认为，获得执业资格证书的过程仍然是“应试教育”的产物，它不一定真正能证明获得执业资格证书的人员有多少专业技术能力。这也从一方面说明，获得建造师执业资格的人员不一定有能力担任项目经理。建造师不等于项目经理，但大中型项目的项目经理应该从建造师中选拔。

继续教育（CPD，Continuing Professional Development）的必要性在于：

（1）继续培养建造师的专业技术能力，弥补执业资格考试中不能解决的问题；

（2）不断提升建造师的专业水平，以适应科学技术发展、政策法规变化的需求。

2.继续教育的形式

参照国际上专业人士继续教育的做法，并结合我国国情，建造师的继续教育可以考虑采用以下形式：

（1）参加国内外建设工程项目管理培训课程，每3年不少于一定学时（以下其他方式可以折算为相应的学时）；

（2）参加有关高等院校工程管理专业的课程进修及攻读相关专业的硕士、博士学位；

（3）参加国内外建设工程项目管理专题研讨会或学术会议；

（4）主持或参加相关科研课题研究工作，并取得研究成果；

（5）主持或参加建设工程项目管理咨询工作，并完成咨询报告；

（6）编撰出版相关专业著作、教材及公开发表相关专业学术论文；

（7）从事工程管理专业工程经济、项目管理、法律法规等课程的教学及建造师继续教育的授课工作；

（8）参加建造师考试大纲、考试用书编写及命题工作；

（9）参加国家及省、自治区、直辖市人民政府建设行政主管部门组织的有关建造师法规、规范等的制定工作；

（10）负责所注册企业内部有关建造师工作标准或作业技术文件的编制、修订工作。❖

中国建造师法律地位及执业基本法律要求

◆何佰洲

今年，我国举行了首次建造师执业资格考试，这标志着我国的建造师执业资格制度正式起步了。这是一个历史性的时刻，它不仅仅代表着一个制度的终结，另一个制度的兴起，更重要的是，它向世界展示了我国工程建设项目管理走向科学化、法制化管理的信心与决心。

在法制还不健全，法律意识还没有深入人心的昨天，我们看到了建筑领域无法可依的困惑，也看到了有法不依所带来的巨大损失。今天，我们欣喜地看到了我国建设领域正在逐渐走向正规化、科学化、法制化，也看到了我国对于建设工程执业人员素质的不断提高。建造师执业资格制度的建立将为我国项目管理的发展谱写新的篇章。但是，这株建造师执业资格制度的幼苗的成长将取决于两个重要的因素：一个是建造师的法律地位，另一个是对建造师执业能力的要求。执业技术能力的要求决定了建造师执业资格制度是否具有可持续发展的动力，而建造师法律地位及法律素质决定了这个制度的发展方向。

一、中国建造师的法律地位问题

2002 年 12 月 5 日，由人事部、建设部联合颁发了《建造师执业资格制度暂行规定》，其中的第二十四条和第二十六条对建造师在我国工程建设领域的法律地位作出了规定。

1. 建造师的主流去向：施工企业项目经理

若建造师经注册后被施工企业聘任为项目经理，则建造师就继承了我国项目经理的责权利，具有了我国项目经理所具有的法律地位。

根据建设部 1995 年颁发的《建筑施工企业项目经理资质管理办法》第二条的规定："本办法所称施工企业项目经理（以下简称项目经理），是指受企业法定代表人委托对工程项目施工过程全面负责的项目管理者，是建筑施工企业法定代表人在工程项目上的代表人。"因此，项目经理是建筑企业法定代表人对建筑企业管理在具体工程项目上的延伸。但是，项目经理具有哪些权限则要根据企业法定代表人的授权而定。

2. 建造师可以从事其他施工活动的管理

作为建造师，在施工企业担任项目经理并不是唯一的去向。能否成为项目经理，要取决于所在施工企业是否聘用。如果没有被聘用到项目经理的岗位，还可以从事其他施工活动的管理。从理论上讲，其他施工活动的管理是指在施工活动管理过程中除了项目经理岗位以外的一切管理工作。但是，允许建造师到所有"其他"施工管理活动去执业显然是不科学的，因为各个岗位都有各自不同的专业技术要求，要求从业人员要具备相应的专业素质。从我国对建造师执业能力的要求来看，建造师并不是万能的，建造师仅能从事那些与其执业能力相符的其他施工管理工作。因此，以立法的形式确定建造师可供执业的具体岗位，规范建造师的执业范围就显得十分必要。

3. 建造师可以从事法律、行政法规或国务院建设行政主管部门规定的其他业务

建造师不仅仅局限于从事施工的管理活动，其执业范围可能会超越施工阶段而延伸到整个建设程序之中的任何一个环节之中。但是这些环节都包括哪些，建造师的业务会不会与咨询工程师、监理工程师和造价工程师等渐渐融合的一系列问题就都需要我国通过立法，以法律的形式予以界定。

从上面的规定我们可以看到，建造师可供执业的领域是以施工阶段施工企业的项目经理为核心，从横向上延伸包括施工的其他管理活动，从纵向上延伸包括建设程序的其他阶段。这就意味着，如果我国不尽快出台可供建造师执业的具体岗位，建造师从理论上就可以从事所有的建设活动。这就不可避免与其他执业资格发生冲突。所以，尽快出台相应的法律、法规就是非常紧迫的任务了。

二、我国对建造师执业的基本法律要求

建筑产品不同于其他的产品。首先，建筑产品，尤其是一些隐蔽工程是一次性的，不可逆的，任何一个建设活动的瑕疵都将会对后续工序产生不良的影响。其次，建设工程项目的合同价经常会达到几千万甚至几个亿、几十个亿……，任何一个环节出现问题都可能造成巨大的经济损失。第三，任何工程建设项目都与人民生命财产息息相关。这主要表现在两个方面：其一是项目的建设过程中可能会发生危害到从业人员的安全事故。其二是项目投入运营后可能会因质量或安全隐患导致人员伤亡。质量如果不合格，在短期内可能没有明显的表现，但是经过一段时间的运营之后，在外界条件的诱发下，可能瞬间就会产生毁灭性的后果，导致人民群众的生命财产遭受巨大损失。

正是由于工程建设项目的这些不同于其他工业产品的特点，所以在工程项目建设过程中需要建造师按照我国建设法律法规来进行科学的施工管理。在项目管理的过程中有效运用经济、管理、法律知识来规避一些工程建设风险并为施工项目创造更大的利润。由此，为什么要界定建造师具备相应的技术、法律、经济和管理等执业技术能力就不难理解了。

《建造师执业资格制度暂行规定》第二十七条和第二十八条分别对一级建造师和二级建造师的执业技术能力作出了具体规定，其中一级建造师与二级建造师的执业技术能力有三点相同之处，即要求具备施工管理的专业知识、知晓法律知识、具备施工管理实践经验和资历。不同点是对相应的执业技术能力要求的深度和广度有所区别。另外，建造师执业资格制度要求一级建造师具有一定的工程技术、工程管理理论和相关经济理论水平，而对二级建造师则无此要求。由此可见，法律知识在建造师的执业技术能力要求中不可或缺，具有与施工管理专业知识同等重要的地位。

在技术、法律、经济和管理四项执业技能要求中，法律知识无处不在，在技术、经济与管理中都有所体现。这更显示了法律知识的重要性和普遍性。

1. 施工技术中的法律要求

案例1：在某高速公路基层施工过程中所用的材料是石灰粉煤灰综合稳定碎石（也就是我们俗称的二灰碎石）。第一天铺筑了500米并且碾压完毕，密实度与平整度都能够满足要求。但是等到第二天继续施工的时候，发现已摊铺完的基层发生了巨大的变化。原本碾压得很平坦的基层鼓起了一个个的包，整条路段向上不停地冒着蒸汽，场面颇为壮观。整个路段成为了废品。由于石灰和粉煤灰本身的性质，已经铺筑的材料不可能收回重新利用了。施工单位损失巨大。

案例评析：我们都知道生石灰需要消解成熟石灰后才可以使用，在没有消解好的情况下就用于工程，会使得生石灰与水发生化学反应而产生大量的热，就是这些热量形成大量的蒸汽并破坏了整个基层的结构。而这道工序只是整个工程建设的一个环节而已，在施工的任何一个环节都需要技术的支持。从表面上看，这是一个缺乏施工管理专业知识的案例。但是，同时也应看到这也是缺乏法制化施工管理的结果。

《建设工程质量管理条例》第二十九条规定："施工单位必须按照工程设计要求、施工技术标准

和合同约定，对建筑材料、建筑构配件、设备和商品混凝土进行检验，检验应当有书面记录和专人签字；未经检验或者检验不合格的，不得使用。”

同时，《建设工程质量管理条例》第三十一条规定：“施工人员对涉及结构安全的试块、试件以及有关材料，应当在建设单位或者工程监理单位监督下现场取样，并送具有相应资质等级的质量检测单位进行检测。”上面的案例中显然就没有满足这两个条款的要求，使用了不符合技术标准和合同约定的材料才导致了这样的结果。如果施工前就对所使用的材料进行自检和抽检，就不可能产生这样严重的质量问题。

2. **施工管理中的法律要求**

工程项目建设的过程就是一个管理的过程，任何一个环节出现了问题，都可能会对整个项目管理产生巨大的破坏作用。

案例 2：某总承包商承包了一段高速公路的施工任务。在这段施工任务之中包括几个涵洞。但是该承包商对涵洞的施工没有信心，为了转移风险，决定将这几个涵洞分包出去。分包出去之后，总承包商就不再过问这几个涵洞施工的情况了。但是，有一天分包商施工现场发生了安全生产事故，导致一名从业人员死亡。这名从业人员的家属因分包商无力支付赔偿款而要求总承包商承担赔偿责任。总承包商认为自己已经将工程分包出去了，自己不应该承担赔偿责任而拒绝支付这笔赔偿款。

案例评析：这是一个运用合同措施来进行风险管理的例子。而这样的管理措施要求项目经理也要具有相当的法律素质。

该总承包商是否有责任对这名从业人员的死亡予以赔偿呢？根据《中华人民共和国安全生产法》第四十八条规定：“因生产安全事故受到损害的从业人员，除依法享有工伤社会保险外，依照有关民事法律尚有获得赔偿的权利的，有权向本单位提出赔偿要求。”

同时，《中华人民共和国安全生产法》第二十四条规定：“建设工程实行施工总承包的，由总承包单位对施工现场的安全生产负总责。

……

总承包单位依法将建设工程分包给其他单位的，分包合同中应当明确各自的安全生产方面的权利、义务。总承包单位和分包单位对分包工程的安全生产承担连带责任。……。”

在这个案例中，总承包商没有对分包商的安全生产工作进行管理是有责任的。另外，对安全生产的后果总承包商也要与分包商承担连带责任。这就是说，从业人员的家属可以不要求分包商承担赔偿责任，而直接要求总承包商承担赔偿责任。所以，总承包商以工程已经分包出去为由拒绝承担赔偿责任是没有道理的。

案例 3：在对某施工现场进行检查时发现，现场负责称量混凝土骨料的是一个未成年工。在搅拌混凝土的过程中，从来没有调过一次秤，完全依靠装料的小推车上画着的红线来控制各种材料的用量。这样一来，就等于设计单位经过精心设计的配合比被一个未成年工轻易地改变了。而这种改变却是不可逆转的。表面上看，这种严重影响工程质量的行为的主体是这个未成年工，但是其本质却是项目经理管理上的不足。他忽略了在质量控制体系中人的素质管理，在重要的岗位上安排了不合适的人员，导致了整个质量管理体系的崩溃。

案例评析：从上面的例子可以看出，管理理论对建造师是非常必要的知识，但同时也暴露出该项目的项目经理法律素质的欠缺。

《建设工程质量管理条例》第三十三条规定：“施工单位应当建立、健全教育培训制度，加强对职工的教育培训；未经教育培训或者考核不合格的人员，不得上岗作业。”

《安全生产法》第二十一条规定：“生产经营单位应当对从业人员进行安全生产教育和培训，保证从业人员具备必要的安全生产知识，熟悉有关的安全生产规章制度和安全操作规程，掌握本岗位的安全操作技能。未经安全生产教育和培训合格的从业人员，不得上岗作业。”

显然，前面案例中提到的未成年工或者没有经过岗位培训，或者没有培训合格就上岗了，或者整个培训是流于形式的培训。不管是哪种情况其实质都是项目经理对有关培训的法律法规的素质的欠缺。而这样的法律素质的欠缺却往往会造成严重的安全质量事故。

3. **经济中的法律要求**

工程建设项目投资巨大，任何疏漏都可能导致巨额经济损失。而评价一个施工项目管理成败的指标中一项重要的指标就是是否达到了预期的利润。市场经济是法制经济，市场中的工程建设活动追求的也是预期的经济目标，而经济目标的实现与法律法规的保障休戚相关。与此相关案例不胜枚举，兹不赘述。

三、依法执业是建造师制度的灵魂

我们在前面几个执业技术能力中都提到了法律素质，可以说法律素质是贯穿于前面三个执业技术能力之中的。但是，在对建造师基本素质的要求中，法律素质不仅仅是依附于其他素质提出来的，而是作为一个独立的执业技术能力加以强调的。这就好像是人体的循环系统一样，它的功能是通过其他系统的功能显现出来的，但是却并不影响它作为一个独立的系统而存在。

案例4:某条高速公路建设项目，对于涵洞侧填土所用的材料在设计图纸上标注的是6%的石灰土。第一年各施工单位完成了路基工程的施工，其中包括涵洞侧填土的工作。由于冬天来了，不适合继续施工了，各施工单位就撤离了现场。第二年春天的时候，某标段的施工单位率先进入了现场，在没有通知监理工程师的情况下，将自己所属路段内的涵洞侧填土全部挖了出来，换填了6%的水泥稳定砂砾。后来被监理人员发现并及时制止。但是，施工单位人员说："6%的水泥稳定砂砾在性能上要优于6%的石灰土，而且我们施工单位也愿意自己承担这部分增加的费用"。

案例评析: 尽管施工单位愿意自己花钱来改进工程的质量，是个善意的行为，但是法律却不允许这样的善意行为的出现，其建设行为的违法主要表现在以下几个方面:

1. 擅自修改图纸

我国《建筑法》第七十四条规定："建筑施工企业在施工中偷工减料的，使用不合格的建筑材料、建筑构配件和设备的，或者有其他不按照工程设计图纸或者施工技术标准施工的行为的，责令改正，处以罚款；情节严重的，责令停业整顿，降低资质等级或者吊销资质证书；造成建筑工程质量不符合规定的质量标准的，负责返工、修理，并赔偿因此造成的损失；构成犯罪的，依法追究刑事责任。"

《建设工程质量管理条例》第六十四条规定："违反本条例规定，施工单位在施工中偷工减料的，使用不合格的建筑材料、建筑构配件和设备的，或者有不按照工程设计图纸或者施工技术标准施工的其他行为的，责令改正，处工程合同价款2%以上4%以下的罚款；造成建设工程质量不符合规定的质量标准的，负责返工、修理，并赔偿因此造成的损失；情节严重的，责令停业整顿，降低资质等级或者吊销资质证书。"

本案例中施工单位没有按照正常变更程序去提请变更，而是擅自修改了工程设计，尽管从理论上说可以保证甚至是提高了工程质量，但是却要为此承担法律责任。

2. 没有对材料进行检验

我国《建筑法》第五十九条规定："建筑施工企业必须按照工程设计要求、施工技术标准和合同的约定，对建筑材料、建筑构配件和设备进行检验，不合格的不得使用。"

《建设工程质量管理条例》第六十五条规定："违反本条例规定，施工单位未对建筑材料、建筑构配件、设备和商品混凝土进行检验，或者未对涉及结构安全的试块、试件以及有关材料取样检测的，责令改正，处10万元以上20万元以下的罚款；情节严重的，责令停业整顿，降低资质等级或者吊销资质证书；造成损失的，依法承担赔偿责任。"

本案例中，施工单位在施工之前没有请监理单位对所使用的材料进行检验，违反了上述规定。即使所使用的材料最后经检验合格也依然要承担法律责任。

3. 未提交施工组织设计

《建设工程安全生产管理条例》第六十五条规定："违反本条例的规定，施工单位有下列行为之一的，责令限期改正；逾期未改正的，责令停业整顿，并处10万元以上30万元以下的罚款；情节严重的，降低资质等级，直至吊销资质证书；造成重大安全事故，构成犯罪的，对直接责任人员，依照刑法有关规定追究刑事责任；造成损失的，依法承担赔偿责任：……在施工组织设计中未编制安全技术措施、施工现场临时用电方案或者专项施工方案的。"

我们都知道，施工单位在开工之前应该向监理单位提交施工组织设计，在施工组织设计中要包含保证安全和质量的具体措施。本案例中，该施工单位属于擅自开工，没有提交施工组织设计，所以，要为此承担法律责任。

从这个案例中我们看到，作为建造师仅仅拥有技术和善意是不够的，还必须熟练掌握建设领域里的法律法规，依法执业，才能使得自己的权利得到法律的有效保护并避免受到法律的制裁。

四、“走出去”战略要求建造师必须具备相当的法律知识

“走出去”的战略使得建造师需要面对来自国外尤其是来自法制相对健全的发达国家的挑战。在这样的挑战面前，一个没有法律知识、法律意识的项目经理能够取得胜利是不可思议的。我国的建筑施工企业已经适应了我国的国情，许多问题的处理是按照中国特色的逻辑来进行解决的。但是，当我们面对的是只讲合同、不讲情理，只讲法律、不讲关系的竞争对手时，原来固有的逻辑思维会使我国的建筑施工企业处于劣势。从这个意义上讲，我国建造师就要不仅熟悉和掌握我国的工程建设法律体系，而且还很有必要在此基础上了解更广泛的法律知识，知晓相应的国际惯例。

五、我国工程建设法律体系的架构

我国工程建设法律体系主要由工程建设民事法律制度、工程建设行政法律制度、工程建设劳动法律制度、工程建设刑事法律制度和权利保护制度构成，

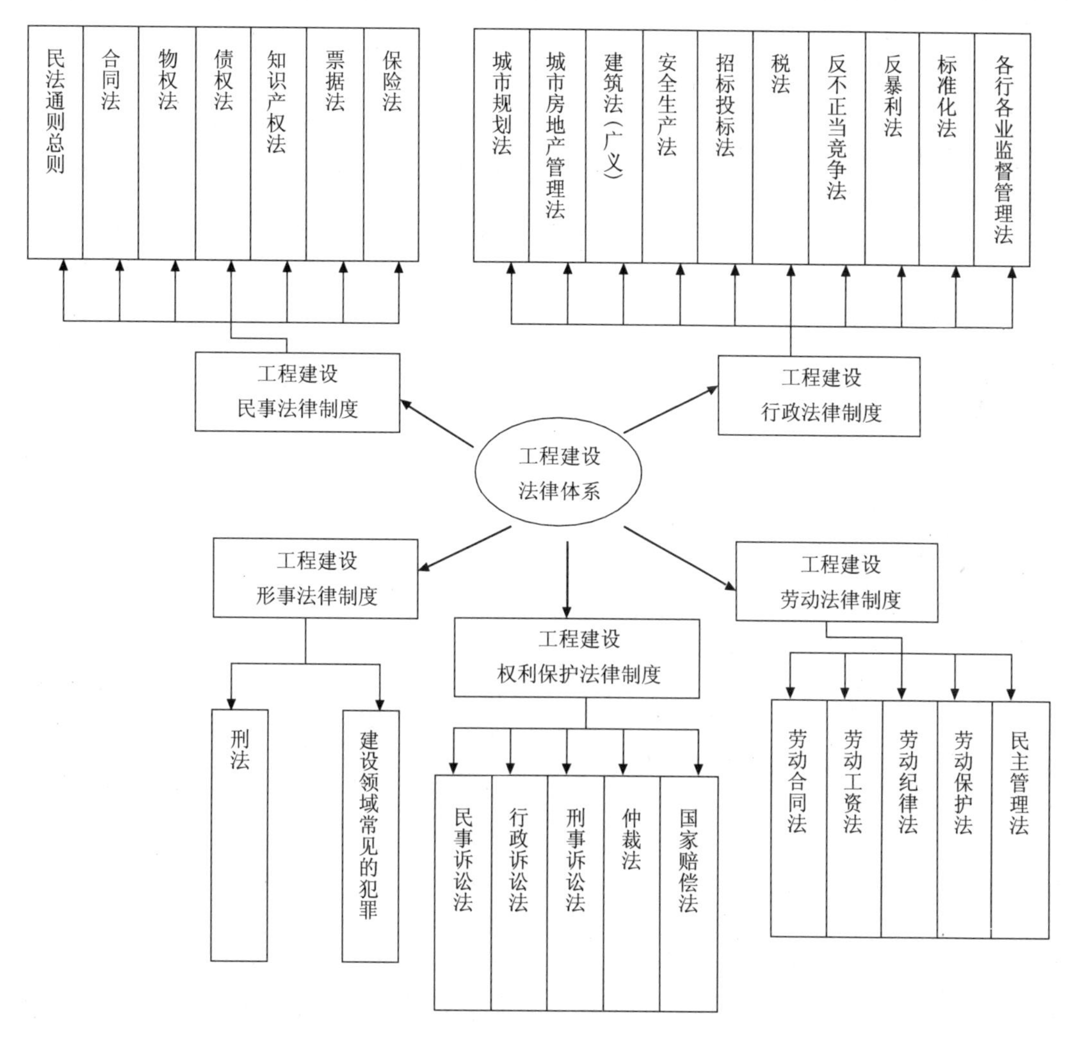

图 1　我国建造师执业法律体系

其结构如图1所示。这些制度有的已比较成熟，有的还有待完善，但基本上都涉及到了技术、经济与管理等诸多内容，因此，掌握必要的法律知识对于增强建造师执业能力，提高工程建设从业人员素质有着“四两拨千斤”之效，从而有效避免工程安全、质量等事故的发生，减少建设活动中的经济摩擦，降低工程建设管理风险，提高我国工程建设整体行业管理水平。

六、提高工程建设领域从业人员素质的建议

建造师作为我国工程项目管理的一支重要力量，其法律意识的强弱将直接影响到我国建设行业的发展。所以，面对建造师执业资格制度的未来，我们有理由说依法执业是建造师执业资格制度的灵魂。建造师执业资格制度的确立激励了我国广大工程建设管理人员在不同的岗位上通过不同的方式来提高自己的基本素质，形成了一种人人学科学、人人学管理、人人学法律的好局面，这在客观上有助于提高工程建设领域从业人员的素质，无疑将对我国项目管理的发展产生强大的推动作用。

目前的问题是如何进一步从深度和广度两个方面提高全体工程建设领域从业人员的素质，进而提高我国的项目管理水平。针对目前的实际情况，我认为可以考虑从以下几个方面入手：

1. 加快工程建设法律法规立法工作，使工程建设领域从业人员有法可依

如前文所述，建造师法律地位及其具体执业范围都有待进一步明确，因此我国一方面要通过立法进一步明确建造师的执业范围，明确建造师在不同的岗位上的责权利，以有效避免建造师在执业时的不确定性；另一方面，建设法律法规亟需立法细化，使得这些法律法规具有可操作性。尽管我国已经形成了一定规模的建设法律体系，但是相对于我国经济的发展和社会新矛盾的不断出现，调整建设活动的法律法规就显得有些滞后。同时，由于我国的法律法规主要都是指导性的，可操作性较弱，在实际建设活动之中经常会出现法律的空白，这也要求各省、自治区、直辖市能够在我国的法律、法规基本思想的指导下结合本省、本地区的特点尽快制定法律法规的实施细则。法律的完善正是建筑业从业人员法律素质提高的必要前提。

2. 强化建造师继续教育，从深度上提高建造师的素质

我国目前正在从事项目经理工作的人员中，多数都集中在40岁左右的年龄。这部分人中很少有人系统地学习过项目管理知识，尤其是法律知识。其中主要原因有三个：首先，过去项目管理知识体系不甚健全，这些项目经理管理知识失衡，特别是法律、经济和管理等软件知识薄弱；其次，我国的建设法律法规处于不断完善的过程之中，新的法律、法规在不断出台，这些项目经理有时疲于工作，无以知晓；再次，随着对外交往的深化，国外的一些主要法律思想，占据国际合作主流的法律模式、合同模式也会渐渐融入到我国的法律体系之中。所以，我们应该以建造师执业资格考试为契机，大力加强项目经理的项目管理知识、法律知识的再教育，以适应不断变化的外部环境。

3. 以建造师执业资格考试为纽带，从广度上提高全体建筑业从业人员的素质

相对于全体工程建设领域的从业人员，建造师的数量为数甚少。所以，提高执业能力不能仅仅局限于提高建造师的素质上，而且应该将这种素质教育通过建造师执业资格制度成为每位从业人员的执业目标取向。另外，建造师在执业实践中能够以身作则，影响和带动其他项目管理人员和其他从业人员严格依法执业，提高其自身的建设项目管理水平和技术能力。除此之外，还可以考虑将建造师所在项目全体从业人员素质的提高作为一个考核的指标来对建造师执业的业绩作出考核，激励建造师起到以点带面的作用，帮助其他从业人员共同提高执业能力。只有全体从业人员的素质都得到了持续的提高，我国建造师执业资格制度才能真正地焕发风采。

建造师执业资格制度的确立，成为我国工程建设项目管理发展的一个阶段性的标志。而科学执业、依法执业正是建造师执业资格制度的灵魂。面对我国充满希望的明天，我们全体工程建设领域的从业人员不仅有责任将工程建设项目规范管理的火炬传予后人，更有责任让它在我们自己的手中燃得更高更亮！❖

一级建造师执业管理探讨

◆江慧成

关于建造师的注册管理和注册建造师的执业管理是个人、企业和社会关心的重要问题。现就执业管理的原则、执业管理内容、执业管理的手段进行粗浅分析，以供有关人员参考。

一、执业管理原则

取得建造师执业资格的人士称为建造师，注册后的建造师称为注册建造师。对建造师的执业管理遵循公开、便民和高效的原则。

公开原则。公开就是要将注册建造师的注册信息向社会公开，将注册建造师的执业状态向社会公开，将注册建造师的执业业绩向社会公开（或条件公开）。公开是社会监督的前提条件，是市场选择的必要基础。

便民原则。这里是指内容具体，程序简便。便民既要便于被管理者，还要便于社会民众的了解和监督。

高效原则。高效原则是指在便民的基础上提高管理效率。

二、执业管理内容

注册建造师的执业管理涉及到建造师的岗位、建造师的权利与责任、建造师的执业状态管理、建造师执业的工程范围等问题。

1.建造师的岗位

实施建造师的执业管理必须明确建造师在工程建设中可以承担的岗位，哪些岗位必须由注册建造师承担，哪些岗位可以由注册建造师承担。2002年12月5日人事部、建设部联合发布《建造师执业资格制度暂行规定》（人发〔2002〕111号）标志着建造师执业资格制度在我国的确立。关于建造师的岗位，该文规定建造师经过注册可以：

（1）担任建设工程项目施工的项目经理；

（2）从事其他施工活动的管理工作；

（3）法律、行政法规或国务院建设行政主管部门规定的其他业务。

关于建造师执业资格制度，建设部根据2003年2月27日《国务院关于取消第二批行政审批项目和改变一批行政审批项目管理方式的决定》（国发〔2003〕5号）规定制定了《关于建筑业企业项目经理资质管理制度向建造师执业资格制度过渡有关问题的通知》（建市〔2003〕86号）。该文件规定了“建筑业企业项目经理资质管理制度向建造师执业资格制度过渡”的过渡期，并规定“过渡期满后，大、中型工程项目施工的项目经理必须由取得建造师注册证书的人员担任；但取得建造师注册证书的人员是否担任工程项目施工的项目经理，由企业自主决定。”2004年11月16日，建设部发布的《建设工程项目管理施行办法》（建市〔2004〕200号）明确注册建造师可以从事工程项目管理。随着发展，建造师还有可能以执业人士的名义从事其他执业活动。从近期来看，建造师所从事的岗位还是以建设工程施工项目经理为主，因此，即为本文研究建造师执业管理的基点。

2.建造师的权利与责任

明确了建造师的执业岗位之后，界定建造师在相应岗位上的权利与责任是实施建造师执业管理的重点。

建造师在施工项目经理岗位上执业应该对质量、安全和成本负管理责任。其中，安全包括施工安全、产品安全、健康安全和环境安全等。质量和安全涉及公共利益，所以建造师执业行使质量管理和安全管理的权利并承担质量和安全管理的责任应是建造师执业权利和责任的重点，也是进行执业管理的重点。在抓住质量和安全的前提下，成本管理也应纳入执业管理的强制范围。建造师的执业权利主要体现在签字权上，即哪些过程、哪些环节、哪些工程文件必须由担任项目经理的注册建造师签字方能生效，建造师权利实现的同时也意味着责任的落实。由于建造师目前还不是独立的执业人士，他在施工项目经理岗位上执业是代表企业从事施工管理，所以在规定建造师的权利与责任时既要考虑建造师的能力，又要考虑建造师与企业的关系，还要考虑建造师与其他从业人员（或技术人员）的关系等因素。

企业是合同责任的承担主体，注册建造师在施工项目经理岗位上代表企业行使管理权利并承担一定的责任，他与企业存在经济责任关系。因此，在规定建造师的签字权方面要具体但不宜过细，要给企业留出足够的管理空间，充分利用《合同法》去解决复杂的个性化的问题。

施工项目经理的岗位是一个管理岗位，在确定他的权利与责任时需要注意岗位的区别和分工的不同，只有这样每个岗位上的权利与责任才能落到实处，管理责任与直接责任才便于区分，一个团队的分工协作关系才能体现。

关于注册建造师的责任与权利是需要重点研究的问题。注册建造师的责任权利界面主要为：注册建造师与企业的责任权利关系，主要应处理好企业集权与注册建造师分权关系；注册建造师与其他项目管理人员的责任权利关系。工程项目上有各类技术和管理人员，其有各自的岗位责任和权利，注册建造师应是所有项目管理人员和技术人员全部成果的集中体现，因而注册建造师的责任权利应体现为在最终成果的责任权利人，换言之注册建造师应对建造的产品合格负责并承担相应责任。

3. 建造师执业范围

建造师是分专业的、分级别的，那么建造师执业就要面临可以执业的工程类别、工程规模等问题。

（1）工程类别

目前一级建造师分为了 14 个专业，与企业施工总包的资质划分大体一致。不同的专业之间有交叉也有覆盖，这就需要明确每个专业的建造师可以在哪些类别的工程上执业。这是执业管理规定需要明确的。

（2）工程规模

建市〔2003〕86 号文中明确了“大、中型工程项目施工的项目经理必须由取得建造师注册证书的人员担任”，那么就需要界定有关专业大、中型项目的规模标准以便于执业管理中进行操作，也便于招投标过程中进行参考。

（3）专业承包的问题

国外的建造师有的分专业有的不分专业，不分专业的大都是建造师制度建立时间比较长的国家，个人执业有较好的信誉，一般不跨专业执业。我国的建造师制度刚刚建立，该制度既与个人资格有关又与企业资质有关。目前一级建造师专业划分既考虑了我国现行管理体制又兼顾了企业的资质管理。有的专家认为专业划分偏细，但也有专家认为专业划分不到位。如有地基与基础工程专业、土石方工程专业、防腐保温工程专业等。不少企业的专家认为在目前企业资质管理体制架构下，应对建造师的专业进一步细分，否则他们就难以跨专业进行专业承包。对建造师的专业进行进一步的划分显然是不可能的，但这些企业的承包特点又是跨专业的。为了解决这类问题在建造师专业划分不变的情况下建议在执业时进行考虑。以“地基与基础工程专业承包企业”的项目经理岗位为例，在建造师执业的工程范围中只要包含“地基与基础专业工程”，同时该建造师又有这方面的业绩，在执业管理规定中理应明确该建造师可以在所有“地基与基础工程专业承包”项目中任项目经理，当然，比较理想的做法是由市场选择，而非政策强制规定。

4. 执业状态的管理

在明确了建造师执业工程范围、执业权利和责任之后，执业管理的关键是状态管理，而不是结果管理。如前所述，建造师的执业管理应遵循公开、便民和高效的原则。这里重点讨论公开的原则。进行状态公开包括初始状态公开、进行状态公开和历史状态公开。初始状态主要包括执业人员的姓名、注册单位、注册专业、执业的工程范围、可否执业等，执业状态主要包括注册人员目前是否处于执业状态以及执业的工程名称、执业的工程规模、执业的地点、执业的岗位等，历史状态主要包括注册人员的注册变更记录、已经完成的执业项目及对项目的评价情况等。社会与企业之间、社会与注册人员之间及企业与注册人员之间存在信息掌握的不对称性。社会希望了解企业和注册人员较为全面的信息，而他们往往尽量向社会多提供对他们有利的信息，少提供乃至不提供对他们不利的信息。对这些进行动态管理并向社会进行公开，有助于社会对执业人员及其所在企业进行客观的评价，可以较好地解决信息的不对称性问题，有助于建立个人和企业的信用体系。执业状态不公开使得一些管理要求就难以落到实处，将之公诸于社会接受社会的监督尤其是接受市场的监督，借助社会、借助市场去规范执业人员的行为、规范企业的有关行为是最有效的管理措施。

三、执业管理手段

传统的管理手段已经不能满足公开、便民和高效的管理要求，尤其满足不了动态管理的要求，为此我们借助互联网这个现代化的平台对建造师的执业管理实施信息化管理是必要的。下面就信息化的必要性、科学性和可行性进行阐明。

1.必要性

如前所述对执业人员的执业状态进行动态管理，向社会公开注册人员的初始状态信息、进行状态信息和历史状态信息，可以达到政务公开方便社会的目的，有利于个人和企业信用体系的建立。只有这样才有利于市场的选择，有利于发挥市场的作用。因此，对建造师的执业实施信息化管理是十分必要的。

2.科学性

利用互联网这个平台对建造师执业进行信息化管理其科学性是毋庸置疑的，这方面有很多成功的案例。如:城市机动车辆违章管理、税务申报、网上购票、航空积分等。中国建造师网（http://www.coc.gov.cn）在行业具有很高的知名度，为了充分利用这一资源，可在中国建造师网上开辟建造师执业管理窗口。

3.可行性

实现网上管理的开发已经是非常成熟的技术了。暂讨论管理系统实现技术的可行性，而侧重研究操作层面的可行性，也就是实施信息化管理如何达到便民和高效的目的。为此需要采取个人申明与竣工备案相结合的管理手段。

(1)个人申明

个人申明就是注册建造师在被企业任命为某工程施工项目经理之后，需要在网上申明执业工程的名称、规模、地点、自己的岗位等信息。管理系统为每个注册建造师提供一个个人账户，注册建造师通过这个帐户向社会公示自己的执业现状。公示信息的真实性由个人负责。在公示的工程竣工备案之前，所公示的信息一直向社会公开，接受社会的监督。如果注册人员虚构工程向社会公示而又无法完成竣工备案的，这些情况将纳入个人信用管理体系，多次进行虚假申明的可以考虑取消注册资格。如果由于操作失误的可以考虑自申明之日起若干天内给予个人更正的权利，超过更正期限将不予更正，留至竣工备案时更正。如果中途更换项目经理，原项目经理需要对原申明进行变更处理。

(2)竣工备案

竣工备案是指工程进行竣工验收后，在网上进行竣工备案。网上竣工备案后的信息在网上公示一定期限后归入历史信息。这个过程需要执业管理机构和执业人员共同完成。备案信息由个人在网上填写，由工程所在地或企业注册所在地的执业管理机构进行审核验收。为了保证备案结果的真实性，执业管理机构实行谁审核谁负责的原则。可为每个审核人员提供一个管理账户，审核人对他审过的材料负责。无法竣工或撤销的项目需要进行相关的处理并由系统记录在案。

个人申明和竣工备案信息可以在任何一台能够上互联网的机器上完成，没有地域和时间的限制，从这一点上来说，实施信息化管理是可行的。另外从备案审核讲，备案人可以在工程所在地或企业注册所在地，通过自己或委托他人完成备案审核，备案完成后可以通过网上查询备案结果是否正确。

除了操作层面的可行性之外，不管是执业管理机构还是执业人士都会关心费用的问题。申明和备案审核都应该实行免费制度，执业信息管理与系统维护的费用应该从历史信息的查询服务中收取。这个管理系统一旦建立，个人与企业的信用体系随之将建立。传统的管理模式不利于执业人员的流动，因为人员可以流动，他的业绩却不能随他流动。同样，人员流动增加了不良记录消失的可能。这也是个人信用体系难以建立的原因。企业承揽的工程都要由他任命的项目经理管理完成，个人信用体系的建立也有助于企业信用体系的建立。对于发包商来说他不仅关心企业、个人提供的信息材料，他更希望了解企业、个人在工程管理方面的全面情况，了解个人、企业有无不良记录等。发包商可以通过执业管理系统查询有关个人和企业的相关信息，对历史信息的查询要实行有偿服务，这也符合市场经济的规律。

这种管理模式将会体现公开、便民和高效的原则，有助于建立社会诚信制度，是传统管理模式无法相比的。

对注册建造师的注册信息、执业信息进行公开，并为每一位注册建造师建立可为社会共享的执业业绩电子档案的管理措施，这将促进政府、行业组织、社会、市场、企业和注册建造师的角色与作用进行根本性的变化，这也将为社会和市场在规范执业行为、建立信用机制方面发挥重要的推动作用。由于执业状态、执业业绩的公开，企业和个人必将主动规范和约束自己的行为，努力建立良好的信用记录。只有这样企业和个人才不会被市场淘汰。

工程建设质量、安全关系到公共利益，在市场经济的条件下政府和社会以及行业、企业和个人在建造师执业管理方面起着不同的作用，具有不同的角色。如何充分发挥各方面的监督管理作用，发挥自己的能动性，提高管理效率和管理质量，从而提高工程建设的质量，降低管理风险，具有重要意义。❖

决定建造师执业水平高低之工程经济

◆杨　青

注册建造师执业资格制度起源于英国，在短短100多年的时间里，建造师执业资格制度已经在世界各国广为推行和发展，并于1997年成立了国际建造师协会。建设部经过近十年的调研、分析和论证，最终于2002年底会同人事部联合颁布了《建造师执业资格制度暂行规定》，明确规定在我国对从事建设工程项目总承包及施工管理的专业技术人员实行注册建造师执业资格制度，我国注册建造师执业资格制度由此确立。

该制度的确立本身就是顺应市场经济发展的制度创新，它将建筑业企业项目经理的行政审批管理制度改为建造师执业资格制度，还原了建筑业企业市场经济主体的身份，凸显了工程建设活动的经济属性。特别是建设工程产品货币价值庞大，内蕴经济关系较为复杂，经济风险较为集中，为此，一级建造师通晓经济理论也就成为建造师不可或缺的执业能力要求之一了。

一、经济理论是建造师执业的必需品

经济的本质内涵就是在资源稀缺约束下的节约问题，也即用最小成本达到既定目标，或者在成本一定的条件下实现利润的最大化。最早的工程原理是从土木建筑实践中发展起来的，土木建筑中的技术问题属专业技术研究的范畴，而工程则是在一定条件约束下实现特定系统目标的最优化方法。在市场经济中，经济目标即是工程建设活动指向之一，从项目可行性研究、勘察设计、建筑材料采购、施工直至使用等无一不与经济问题休戚相关，同生共存。在工程建设实践中，项目管理人员所面临的往往是多目标选择问题，在这些选择之中，除了技术评价和社会评价之外，还需要进行经济评价。而工程经济解决的就是从多个技术和市场可行的备选方案中选择出最优执行方案，而在此择优过程中，没有基础会计与财务管理以及工程估价等知识几乎寸步难行。横观英国皇家特许建造学会（CIOS），其面试制度也同样要求申请人具备技术、管理和财务等方面的工作经验和培训。由此可见，不论从工程本身要求，还是从市场环境乃至国际惯例来看，一定的经济理论知识都是一位称职的建造师所应具备的执业能力。

二、建设工程经济——建造师的经济学

1.建设工程经济基础：基础会计与财务管理以及建设工程估价

根据《建造师执业资格制度暂行规定》第二十七条的规定，一级建造师要具有一定的工程技术、工程管理理论和相关经济理论水平，这些相关的经济理论具体内容有三，即工程经济、基础会计与财务管理、工程估价，这三者之间的关系如图1所示，其中基础会计与财务管理以及工程估价都仆从于工程经济。基础会计与财务管理在工程项目管理中举足轻重、不可或缺，项目资本结构、成本管理与财务管理水平的高低直接反映出项目管理状况以及项目经济效果的优劣。因此，作为从事微观工程项目管理的建造师，熟谙基础会计与财务管理当属必然。除此之外，正如工程估价是工程经济的知识准备，基础会计

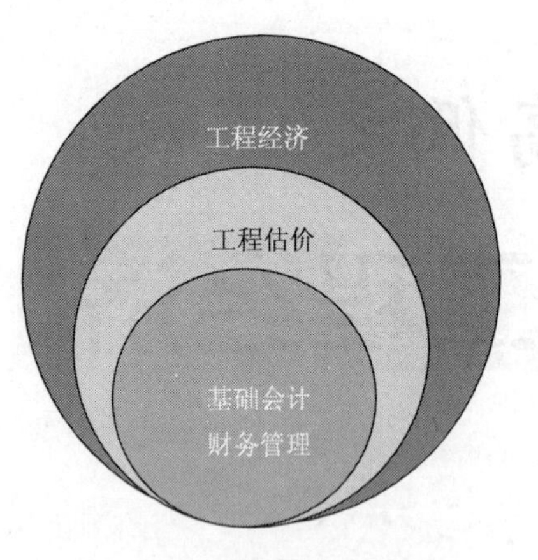

图1 建设工程经济构成关系图

与财务管理也是通晓工程估价的知识铺垫。鉴于对工程估价的讨论较多，此处不再赘述。

2.经济决策的工具：工程经济

1887年，工程经济学的鼻祖Arthar M. Wellington在其《铁路布局的经济理论》中指出，工程经济并不是建造艺术，而是一门少花钱多办事的艺术。1920年，O.B.Goldman教授在其著作《财务工程学》中也一针见血地指出，工程师的最基本的责任是考虑成本，以获得财务利润的最大化。G. A. Taylor则认为，工程经济的主题就是按经济基准选择最佳方案，进行经济决策。因此，对于建造师而言，工程经济就是以研究工程项目节约之道为己任的、建造师的经济学，是建造师在执业过程中进行经济决策的工具，其执业能力就体现在其是否能够利用已有技术，在一定规则（法律法规等）约束下，优化配置有限资源，实现成本最小化或收益最大化的经济目标。依此而论，经济的计算永远先于其他，可以说每项工程、每栋建筑乃至每张设计图纸都是一张财务报表。建造师在执业时运用工程经济知识可以解决工程项目规划、投资项目经济评价、投资决策分析以及施工成本控制等等诸多决策问题。目前，我国工程项目管理人员专业技术“硬件”不容置疑，而经济、法律和管理等“软件”却逊色不少。根据木桶原理可知，决定一只桶的容量的不是组成桶的最长的那块木板，而是最短的那块木板，同样决定建造师执业能力高低的关键不在于其技术能力的强弱，而在于经济、法律和管理能力的多寡，最弱的执业技能水平决定了建造师的综合执业能力高低。由此可见，这种失衡的“有勇无谋”型的知识结构正是建造师执业资格制度力图予以修正的目标。

三、简短结语

我国的建造师执业资格制度起步较晚，但起点较高。建造师的经济理论素养是建造师执业核心技术能力之一，是建造师的经济学，在建设工程活动中举足轻重，不可偏废。虽然我国的建造师执业资格考试报名条件载明了对拟报考工程管理人员的资历和工程项目管理经验的要求，但是由于报名人事部门缺乏必要的专业人员监督，同时也没有配套的惩罚措施，于是参考人员中一些条件不足的工程项目管理人员“资历造假”、“经验造假”比较严重。再加之我国的建造师执业资格考试侧重于对经济理论的考察，而理论和应用能力兼备才是建造师执业资格制度的目标取向。因而，为了增强工程项目管理人员和建造师的应用能力，建造师除理论考试准入制度之外，还需要在我国建造师执业资格制度中增加考前培训制度，完善和细化继续职业教育制度，并利用现代网络信息技术大力开展和普及远程培训和继续职业教育，唯有此，我国的建造师执业资格制度方能得以快速、高效地发展。❖

中国建造师执业资格考试命题模式改革初探

◆杨卫东

一、建造师执业资格考试命题中值得研究和思考的问题

综观首次一级注册建造师考试命题的全过程和其他建设工程相关执业资格考试命题的情况，以及结合我国现阶段建造师应考者的特点，目前我国建造师执业资格考试命题存在诸多问题值得研究和思考，主要表现在以下几个方面：

1.规模适应性问题

由于建造师考试涉及的专业科目多（综合3科，专业14科），应考者人数多（本次一级建造师报名人数达28.6万人，近几年每年预计几十万人），考试的影响面大（涉及全国各个行业和专业），又分一级和二级考试，因此，给命题工作带来很大的困难。每次考试命题的组织工作量大、成本高、效率低、命题专家人数多，又来自于各个行业，试题知识结构和难易程度难于控制，确保命题工作质量存在较大的风险，且给保密工作带来很大的困难。

2.命题内容与实际现状脱节问题

目前应考者绝大部分是来自于施工承包单位的施工技术人员，普遍存在实践能力强但理论水平较低、专业知识面不广、学历较低等现象。而建造师考试命题内容又必须严格围绕考试大纲和考试指导用书，偏重于对实践内容的理论化"提炼"，导致命题者在命题过程中对于题目的表述和答案的选择难于摆脱对文字的刻意追求，照搬书中的内容，甚至断章取义；应考者也只有死记硬背才能考出好成绩，而不能很好地在对大纲知识点进行深刻理解和熟练掌握的基础上，融会贯通地应用自身的实践能力来应考，容易出现"会考不会干，会干不会考"现象，从而在一定程度上违背了建造师执业考试的真正目的。如何避免和减少这种现象的出现，使命题考试既能有利于选拔优秀的一线工程技术人员，又能引导和促进他们理论水平的提高和专业知识拓展是需要深入研究和探讨的问题。

3.考试命题的效度问题

如何使建造师执业资格考试命题的内容能真正反映工程技术人员的实际水平，有利于培养出一批懂管理、懂技术、懂经济、懂法规，综合素质较高的复合型工程技术人员，推动整个建造师执业资格制度的健康发展，命题的形式、内容和质量起到潜移默化的重要作用，因此，改革现行的命题方式，提高命题水平的研究是十分必要的。

4.行业发展的需求问题

建筑业的实际情况是：在建的大中型项目多，按一个项目经理同时只能负责一个项目的要求，现有一级项目经理的队伍远远满足不了实际工程的需求。从项目经理资质管理制度到建造师执业资格制度过渡的期限只剩三年，2008年之后建造师的需求量与拥有量之间的矛盾会更加突出。我们的命题工作既要按考试大纲的要求进行命题，还要考虑行业的实际情况。如果由于考试的难度太大而导致通过率过低，使得建造师需求量与拥有量的矛盾加剧，一个建造师同时兼多个项目和无证上岗的现象就会难以避免，执业监管就更加困难，工程质量也就难以保证。要避免这一矛盾不是靠降低考试标准和考试要求，而是要求我们的命题工作要与从业人员的实际情况相结合、与建造师的执业要求相结合，让真正具有一定理论知识和丰富实践经验的从业人员经过一定的学习，通过考试，缓解供需矛盾。

5. 提高建造师队伍素质的引导问题

通过命题考试选拔适合我国国情的建造师队伍，促使施工企业现有优秀项目经理向建造师转化，对于提高我国施工企业的整体素质起到积极的引导作用。通过命题考试培育、选拔和建立一支适应国际工程承包的我国建造师队伍，对于促进骨干施工企业与国际接轨起到很大的调节和杠杆作用。因此，围绕考试大纲命什么样题，考什么样的内容对于引导我国建筑行业施工项目管理队伍向高素质方向的发展起到极大的杠杆作用。

6. 建立题库的可操作性问题

注重题库内题目与工程实践的紧密结合是改革命题模式的有效途径，对于提高建造师执业考试命题效率必将起到积极的作用。但是，如何建立题库，确保题库质量和更新维护题库的具体操作上尚存在诸多问题值得研究。

二、考试命题模式改革研究的意义

进行建造师执业资格考试命题模式改革的研究是十分必要的。其意义在于：

1. 有利于广大真正从事施工管理的一线施工技术人员脱颖而出，成为较高综合素质的建造师

根据《建造师执业资格暂行规定》，一级建造师的执业技术能力应“具有一定的工程技术、工程管理理论和相关经济理论水平，并具有丰富的施工管理专业知识。能够熟练掌握和运用与施工管理业务相关的法律、法规、工程建设强制性标准和行业管理的各项规定。具有丰富的施工管理实践经验和资历，有较强的施工组织能力，能保证工程质量和安全生产。”因此，我国的建造师定位在以专业技术为依托、以工程项目管理为主业的执业注册人员，是懂管理、懂技术、懂经济、懂法规，综合素质较高的复合型人员，既要有理论水平，也要有丰富的实践经验和较强的组织能力。因此，通过建造师执业资格考试使广大从事施工管理的一线施工技术人脱颖而出，成为较高综合素质的建造师，命题模式起到一个关键的引导作用。那么，如何命题，命什么样的题才能达到这个理想的目标，才能使我们选拔的工程技术人员是名副其实、能真正服务于建设工程施工管理和项目管理的建造师，是建造师考试命题模式改革中需要解决的首要问题。

2. 有利于解决考试命题的内容与实践应用紧密结合的问题

考试命题在严格执行考试大纲的基础上，设计出一套相对完整、切实可行的考试命题模式，能使考试内容真正反映应考者基本理论和基本技能的掌握情况，以及运用这些基本理论和基本技能分析和解决实际问题的综合能力；从而真正发挥考试功能和实现考试目的，避免应考者只有通过死记硬背才能考出好成绩，而不能很好地在对大纲知识点进行深刻理解和熟练掌握的基础上，融会贯通地应用自身的实践能力来应考。因此，如何让命题的内容更能结合实践内容，让命题的形式和内容表述更通俗化、更客观化、更接近实际情况是命题工作中需要重点考虑的问题，从而解决好执业资格考试中存在的“会干不会考，会考不会干”的普遍现象，使考试命题的内容与实践应用更紧密地结合。

3. 有利于我国建筑业企业施工管理队伍综合素质的内在提高

施工技术人员通过对管理、技术、经济、法规等方面知识的进一步学习和更新，使自身的实践经验有一个理论的总结，使处理实际问题的能力有一个提高，从而逐步提高自身的综合素质，成为施工技术管理中的复合型人员，也在真正意义上有利于提高我国整个建筑业企业施工管理队伍的综合素质。考试虽然不是目的，但考试是检验综合素质是否得到提高的一种有效途径，通过考试可以检验施工技术人员的综合能力，检验他们与我国建造师执业标准要求之间的差距。对施工技术人员进行是否达到建造师执业资格标准的考试，有利于建筑业企业施工管理队伍综合素质的提高。因此，命题模式、检验标准和命题内容对于整个建造师执业资格制度的健康建立和我国整个建筑业企业施工管理队伍综合素质的内在提高起到重要的作用。

4. 有利于建立高效、有效的命题机制

由于建造师应考者量大面广，每年仅一级建造师考试涉及近30万人左右，涉及14个专业，命题的组织工作复杂，命题要求难于统一，命题专家的选拔，以及出题、初审、终审等过程涉及的环节和人员又较多，命题成本又很高，试题的保密工作也存在不容忽视的问题。因此，建造师命题模式的改革势在必行，建立高效、有效的命题机制是我们这个研究课题的重点，包括符合现行国家考试制度的组织管理工作、命题专家的选拔、命题的程序、命题的方式、题型的结构和形式、审题的方式、标准答案的形式和分值分配、阅卷的要求和标准、考试结果的统计和分析、命题成本的分配和分析等。同时，研究考试题库的建立和完善，包括征题（或素材）的范围和方式，征题的筛选、改造和审核，题库的维护和完善，靠前选题、修改和审核等是命题模式改革的一项重大举措。

5. 有利于促进对考试大纲和考试用书的修订

通过对命题和考试工作的总结，及时发现考试大纲和考试用书中的问题，强化行业中有定论的内容，逐步剔除矛盾、甚至有不同看法的观点，使大纲和考试用书中的掌握、熟悉和了解的内容结构更趋合理化，使各专业建造师的知识体系更趋完善。

6. 有利于为其他建设工程执业资格考试提供借鉴的经验

目前，其他诸如监理工程师、造价工程师、咨询工程师等执业资格考试均存在类似的问题，对于本课题的研究可以为其他建设工程执业资格考试提供借鉴的经验。

总之，探索和研究我国建造师执业资格考试命题模式的改革是十分必要和有意义的，建造师考试命题要逐步建立和完善考试机制，建立有效的试题库，实现命题工作的科学化、标准化。

三、建造师执业资格考试命题模式改革研究的基本思路

1. 树立以“能力测试”为核心的命题理念

考试的宗旨是选拔合格的建造师人才，通过考试的引导作用，提高行业从业人员理论水平，增强专业知识实际应用的能力，即提高“潜在”建造师的知识运用能力、自学能力、分析和解决问题能力、自我评价和评价他人能力，以及提高心理素质、协作精神和职业道德等，避免以单一的知识点的难度、深度来确定建造师考试的水准。

2. 建立系统、科学的考试制度

根据“按需施考，考以致用”的原则，从建造师职业岗位要求出发，紧密结合各专业的特点，通过建造师考试重点引导建造师岗位能力的培养，突出考核建造师的实践应用能力。同时，从适应市场发展的实际需要出发，统筹考虑大纲和考试用书的要求、考试命题的内容和形式以及应考者的应试能力等问题，建立系统、科学的考试制度，以考促学，以学促考，以学助干，逐渐培养一支实用型的建造师人才队伍，最终达到提高从业人员水平，提高工程建设质量的目的。

3. 考试命题模式改革的主要设想

（1）命题方式的改革：改变临时性、大规模的一次性集中命题的方式。应逐步建立题库，考前以抽取和修改题库中已有素材、备选题的方式为主，减少临时“凑题”带来的弊病，集中精力使最终的组题能在短时间内精雕细琢。

（2）审题方式的改革：命题和初审可以由一个组完成，但终审除组长外的人员应尽量变换，有利于发现问题。出题人和审题人应相互保密，消除“情面”带来的影响，建议成立独立的“仲裁组”介入整个命题过程，及时消除有争议的问题。

（3）改革命题前的培训：除集中进行全体命题专家培训外，每个小组在命题前应由组长安排一定的时间进行小组命题前的培训，进一步细化本科目的命题要求，特别是整卷的知识点结构的要求，题目的难易要求，试出题的讲评等。

（4）改革命题小组的成员结构，组长可以由比较全面的专家担任，组员应由专业强、实践强和文字强等若干类型的专家组成。

（5）改革综合科目考题的题型结构和题目表达方式的研究，例如：

1） 题型结构中是否可以考虑增加是非判断题

和结合案例背景材料的单选、多选题；

2） 如何将纯概念的题干表述尽量用施工中常用的、熟悉的、通俗的文字或背景来表达，便于考生理解，综合运用掌握的知识来答题；

3） 如何尽量避免从书中断章取义以填空方式来出题，从而使题目表述成为考生经常见到和遇到的问题方式；

4）如何尽量避免出现“文字游戏”式的考题答案选项；

5）如何使客观概念题变为主观理解和判断题；

6）考点的合理分配、题量大小和分值分配、答题时间也有待进一步研究。

（6）改革专业科目考题的题型结构和考点客观合理性的研究，例如：

1）可以考虑增加是非判断题型；案例提问可以有是非判断、单选、多选、改错、计算、原因说明等多种形式；使主观题客观化，便于考生理解答题，也便于今后的阅卷；

2）由于同一专业科目存在不同的专业分类，因此应减少过细过深对某一专业知识点的考核，应强调同一专业科目内不同专业共性内容的考核，强调对专业施工管理知识的考核，强调专业行业内法规、强制性条款、合同等共性知识的考核；

3） 每套试题知识点的客观合理性和每题知识运用的综合性是命题工作的一个难点，如何使应考者应用所掌握的知识解决实际中的问题同样是命题的要点，例如合理组织施工、履行合同、遵守法律法规、增强安全生产管理意识、执行强制性规范、解决施工中难点和技术问题、处理工程变更和索赔，正确处理各方关系等正是一个合格建造师所应具备的能力，在考题中如何反映这些内容是命题者应解决的重要问题；

4）如何使命题者避免简答题的出现，避免背景材料和问题的脱节现象，避免应考者死记硬背才能通过考试也同样是值得研究的问题；

5）如何逐步使主观问题变为客观回答，便于试题答案的标准化，减少阅卷的工作量和人为误差是本课题需要探讨的问题。

（7）考试命题模式的改革还应考虑如何减少命题成本，提高命题效率，减少命题风险，进行考后结果的统计和分析等问题，从而建立高效的命题机制是本课题最终需要解决的问题。

四、建造师执业资格考试命题模式改革的最终目标

1. 使应考者学以致用，能真正熟练掌握和运用与施工管理业务相关的法律、法规、工程建设强制性标准和行业管理的各项规定。

2. 使应考者的工程技术、工程管理理论和相关经济理论水平得到真正的提高。

3. 使应考者的施工管理专业知识得到更新，处理实际问题的能力得到加强；成为企业中真正的骨干力量和生力军，从而推动我国整个建筑业企业施工管理队伍的综合素质得到提高。

4. 使考试命题工作真正服务于施工企业，引导和带动施工技术人员成为施工技术管理中的复合型人员。

5. 使命题工作科学化、客观化和标准化。尽可能防止和避免“会干不会考，会考不会干”的现象出现。❖

建造师培训继续职业教育问题

◆杨 青

一级建造师执业资格考试属于国家设定的准入性考试，建设工程经济考试跟其他考试一样，也是以纸笔作答的形式进行。从某种意义上讲，在笔试条件下，出现“会考不会做，或者会做不会考”的现象是难以避免的。所以一些发达国家往往更注重面试和日常的业绩考核。但在我国目前条件下，面试和日常业绩考核的方式由于人员众多而难以实施，同时，其公正性也难以得到保证。因此，采取全国性的统考是一种现存条件下的次优选择。在这种情况下，将笔试及围绕笔试而进行的考前和考后培训看成一个整体，并通过采取有效措施，强化培训，将有助于加强建造师执业资格制度的效力。对于“会做不会考”的工程项目管理人员强化考前理论培训是十分奏效的，而对于“会考不会做”的考生强调经济理论在实践中的应用则显得尤为重要。理论特别是经济理论脱离实践是没有任何意义的，所以既懂理论又晓实践的建造师方是建造师执业资格制度的初衷。下文我们结合英国的认证及培训制度简要探讨中国的建造师执业资格考试及培训问题。

1. CIOB 建造师认证制度

世界上最早的建造师执业资格制度建立迄今已有150余年的历史，其建造师会员是由非政府机构---英国皇家特许建造学会（CIOB）来认证的。与我国建造师执业资格制度类似，CIOB的建造师认证制度的目的也是为了提高建设工程从业管理人员的执业水平，但其认证制度更具可取之处。CIOB建造师认证制度自设立以来，已经形成了一套完善而科学的建造师认证体系，该体系包括了培训制度、面试制度和继续职业发展制度，这些制度侧重于考察和培养工程项目管理人员“学以致用”的能力。实践证明，该制度体系效果甚为明显，各国已相继效仿。

首先，CIOB建造师认证制度在面试之前设立了培训制度。在参加CIOB面试之前，建造师会员申请人需要满足四个条件：其一，学历要求；其二，资历及施工管理经验；其三，职业责任感；其四，参加一定时间的培训，培训课程报告合格。值得注意的是，培训的方式为案例场景式培训，培训内容重点是培养申请人的理论应用能力。其次，面试制度考察的重点不仅是候选人的理论知识，更重要的是考察候选人运用理论知识解决工程建设领域中实际问题的能力。面试过关，申请人即可获得CIOB颁发的资格证书，并成为其正式会员。最后，CIOB要求经认证的建造师在执业中坚持继续职业发展（Continuing Professional Development, CPD），保持执业技能与实践同步发展。

2. 我国建造师执业资格制度之建议

与CIOB的建造师认证制度相比，我国的建造师执业资格制度还存在两个有待完善之处。

第一，在考试之前，我国建造师执业资格制度也有资格预审规定，但缺少培训内容。目前的建造师培

训大多是自发组织的，培训人员的水平和内容参差不齐，不仅影响我国建造师整体考试水平，由于统一的培训内容及相关要求，进而影响到建造师本身的质量。培训与考试两者即有关联又是两个相对独立的过程。以考代培是有缺陷的。

第二，技术的进步，知识的发展以及全球化的竞争都要求工程项目管理人员在获得建造师执业资格之后参与继续职业教育。《建造师执业资格制度暂行规定》第三十条规定，"建造师必须接受继续教育，更新知识，不断提高业务水平"，这与CIOB的继续执业发展（CPD）制度是一脉相承的。可是，工程项目管理人员在取得建造师执业资格之后，如何进行继续职业教育，继续职业教育什么都还不甚明确，有待于进一步细化。

有鉴于此，特为我国建造师执业资格制度提出如下建议。

建议1：工程项目管理对建造师的实践能力要求很高，而建造师执业资格考试存在着无法考察参考者实践能力的缺陷。比如，在多方案选择案例中，一般既要涉及到财务管理和工程估价知识，还要涉及到工程经济中的复杂的财务分析和风险分析等等，如此一个案例是不可能在短短两个小时之内仅靠纸笔能够完成的。为此，借鉴CIOB的培训制度，我国的建造师执业资格制度有必要在纸笔考试之前增添培训这项内容。我国工程项目管理人员为数众多，每年参考人员估计数以十万计，同时鉴于建造师培训师资力量有限，受训机会也少之又少，因此，在现有培训师资约束条件下，前期培训似乎又成了问题。

建议2：继续职业教育内容和重点均不同于前期培训，因此继续职业教育内容应该侧重理论应用能力的提高，继续职业教育形式应该统一。建造师继续职业教育考试连续三次不过者，注销其建造师执业资格，责令其重新参加执业资格考试。但是，另外一个需要解决的问题是，随着建造师数量的日益增多，数量有限的建造师师资是不可能完全承担起继续职业教育的任务的。

建议3：集中优秀师资，利用成熟网络信息技术，为参考人员提供远程培训，为建造师提供远程继续职业教育。上述两条建议都涉及到一个共同的难题，那就是建造师前期培训和继续职业教育师资短缺，而同时受训人员和继续职业教育建造师数量庞大，因此，面授培训和教育似乎缺乏执行的依据。可事实表明，远程网络已经超越时空约束，为有限优秀师资和众多工程项目管理人员搭建了一个有限对无限的交流平台。开展网上远程培训和继续职业教育不仅可以拓宽受训范围，实现参考人员实践能力与理论能力的同步提升，而且还可以让这些受训人员和参加继续职业教育的建造师共享优秀师资资源，保证培训和教育的质量。此外，网络教育这种形式本身具有在任何时间、任何地点通过网络提供教学培训的授课、答疑、讨论、辅导的特点。而工程管理人员具有工地分散于全国各地乃至世界各地以及工作时间有季节性，从而难以集中培训的行业特征。从这个意义讲，网络学习更适合于建造师的培训和继续教育。这是时代科技进步给我国建造师执业资格制度带来的挑战和机遇。❖

建造师与项目经理的关系

◆缪长江

2003年2月27日，国务院发布了《关于取消第二批行政审批项目和改变一批行政审批项目管理方式的决定》（国发[2003]5号），该文明确："取消建筑业企业项目经理资质核准，由注册建造师代替，并设立过渡期。"同年4月23日，建设部以建市86号文颁布了《关于建筑业企业项目经理资质管理制度向建造师执业资格制度过渡有关问题的通知》，明确了两者过渡的时间、过渡的办法及项目经理与建造师相衔接的政策措施。

建造师执业资格制度确立的建造师是从事工程总承包和施工管理活动的专业技术人员，建筑业企业项目经理资质管理制度确立的项目经理是经过行政审批而取得的一种市场准入凭证。下面从建造师与项目经理的区别、联系和两者过渡期间的关系进行简要阐述：

一、建造师与项目经理的区别

（一）学历和实践要求不同。建造师要求起步学历为大专以上，并同时要求必须有6年以上的工作经历，其中4年为从事工程项目管理阅历，这种学历平台的要求实际上是对建造师的基本素质的保证。由于建造师从事的是建设工程项目施工管理的关键岗位，必须保证建造师有较高的综合素质、管理水平、技术水平和扎实的理论功底。保证其能在相应的各个岗位上尽职尽责。对建造师执业资格的确认，除应要求其考试合格外，还应与考生在校的学习专业、学习时间以及从业的时间经验等相结合。国外执业人员的资格条件也主要是两方面，一是学历教育，二是毕业后的实践经历。我国建造师执业资格报考建造师人员的学历、专业和经历等均有明确要求，如下表所示：

级别与要求		学历				
		大学专科	大学本科	双学士学位	硕士学位	博士学位
一级建造师	参加工作最短时间	6年	4年	3年	2年	
	从事管理工作最短时间	4年	3年	2年	1年	1年
二级建造师		中等专科以上学历，从事管理工作2年以上				

项目经理资质评审对学历无严格限制，强调的是从事工程施工管理的经历和业绩，这就难免使那些缺乏专业理论素养的人员进入项目经理队伍，从而导致整个项目经理队伍总体素质难以得到较快提升。

（二）性质不同。建造师执业资格制度实质上强调的是个人执业，这与国际上许多发达国家是一样的，它有利于各项管理工作责任到人。建造师选择工作的权利相对自主，并可在人才市场上有序流动，有较大的活动空间。一级建造师取得执业资格并经注册后，可在全国范围内、在多个岗位上执业。建造师不论在什么岗位上执业，除应严格履行建造师的职责、权利和义务外，还应认真履行相应的岗位职责。建造师个人业绩和信用将会逐步成为业主考察建造师的重要内容。在国外，个人执业信用和执业保险是个人执业的基础。

项目经理岗位在施工项目管理中是举足轻重的。施工项目管理要实行以项目经理为主体的施工项目管理目标责任制，项目经理的职责是根据企业法定代表人的授权，对工程项目自开工准备至竣工验收，实施全面、全过程的组织管理。然而，项目经理仅限于管理企业所承包的某一特定工程项目。项目经理岗位是企业设定的，项目经理是由企业法人代表授权或聘用的、一次性的施工项目管理者。项目经理资质行政审批取消前和取消后的过渡期内，项目经理资质证书与企业资质证书配套使用，这种对企业资质的依附作用也有别于作为个人执业的建造师执业资格制度。

建造师执业资格制度是一套严格的培训、考试、注册和市场行为监管的体系，是社会化、专业化和职业化的专业人士管理制度。取得执业资格并经注册的建造师，具有独立的民事行为能力和权利，并承担相应的民事责任；而项目经理依附于工程项目，名义上是工程施工项目管理的组织者，但由于其为企业内设的岗位职务，所以项目经理并无独立的民事行为能力及承担民事责任，不可能成为市场责任主体，这也是实践中项目经理的过失而导致企业法人代表上法庭的原因所在。

（三）取得资格的方式不同。建造师是经过全国统一考试取得，并经注册后方能以建造师名义执业，这种执业资格制度是国际上通行的以强化个人责任的资格制度，是符合市场经济发展方向的；项目经理资格实行短期培训与行政审批相结合的制度，经过培训且取得培训合格证书的人员方可申请项目经理资质，凭借《建筑业企业项目经理资质证书》担任项目经理。

（四）从业范围不同。建造师执业范围的覆盖面较大，涉及工程建设项目管理的许多方面。建造师可以担任建设工程项目施工的项目经理，从事其他施工活动的管理工作，从事法律、行政法规或国务院建设行政主管部门规定的其他业务。建造师是"一师多岗"。项目经理岗位只是建造师可担任的许多岗位职务中的一个。建造师还可以担任质量监督工程师等与工程项目管理有关的其他业务，从事理论研究、咨询和教学等。总之建造师的岗位可以在施工单位、建设单位、质检单位、政府管理单位以及科研院校等单位。

项目经理仅负责施工企业所承包某一具体工程的项目管理，是特定环境下的一次性的建设工程项目的施工组织管理者。其职责是根据企业法定代表人的授权，对工程项目自开工准备至竣工验收，实施全面、全过程的组织管理。

（五）国际地位不同。建造师已经拥有了国际性的组织——国际建造师协会。许多发达国家实行了建造师执业资格制度，而且，在一些国家和地区之间，建造师是互认的，这为国与国工程建设之间的相互交流打开方便之门。我国由于缺乏高素质的、获得国际认同的施工管理人员，在国际交流和市场竞争中显得乏力，与我们这样一个建设大国很不相称。所以，从某种意义上讲，建造师担负着促进我国建设工程管理人员队伍整体素质不断提高的使命，担负着在国际上建立并不断提升中国建设工程管理人员形象、开拓国际建筑市场、增强对外工程承包能力的使命，担负着加快我国建设工程管理与国际接轨的使命。而项目经理的基本素质和特定地位决定了其不可能担负起与建造师相提并论的在国际建筑市场的特殊使命。

二、建造师与项目经理的联系

建造师接受建筑业企业委托担任施工项目经理时，与项目经理的联系是非常紧密的，主要体现在"三同一"方面，即岗位同一、对象同一、雇主同一：

由于历史的原因，在相当长一段时间内，建造师的主要岗位是接受承包商的委托，担任建设工程的施工项目经理。在这种情况下，建造师与项目经理都是围绕工程项目这个焦点开展工作或从事活动，标的物都是建设工程项目，都是针对项目进行计划、组织、指挥、协调和控制，都属于建设工程的项目管理范畴。

建造师与项目经理所服务的顾主都是建设工程项目的业主。在项目实施过程中，都应遵守相关的法律、法规和制度，接受有关部门的监督和检查。

建造师执业资格制度建立并全面实施以后，大中型工程项目的项目经理必须由取得建造师执业资格的人员担任。然而，由哪一位注册建造师担任项目经理，则由企业自主决定。另外，虽然可能有多个建造师在同一具体工程项目中从事管理和技术工作，但项目经理只有一个，其他建造师在该工程项目中不论担任什么职务、从事什么活动都必须接受项目经理的领导和管理。项目经理责任制仍然要坚持。

三、过渡期间的关系

根据国发[2003]5号文的精神，建设部制定并

发布了《关于建筑业企业项目经理资质管理制度向建造师执业资格制度过渡有关问题的通知》（建市[2003]86号），现将该文的主要精神简介如下：

建造师向项目经理过渡时间为5年。即从2003年2月28日起，至2008年2月27日止。过渡期内，原项目经理资质证书继续有效。建造师执业资格证书与项目经理资质证书等同使用。过渡期满后，所有项目经理资质证书停止使用。

过渡期内，所有原批准项目经理资质的单位，包括各级建设行政主管部门、国务院有关专业部门、行业协会和中央管理的有关总公司，不再审批建筑业企业项目经理资质。

过渡期内，大中型工程项目的项目经理补充可通过取得一、二级建造师执业资格的人士渠道实现；小型工程的项目经理的补充则由建筑业企业聘用，聘用条件是必须符合原三级项目经理资质并经考核合格。过渡期满后，所有大中型工程项目必须由取得注册的建造师担任。

过渡期内，建筑业企业升级、年检和新设立需考核项目经理人数时，可将企业取得项目经理资质证书和取得注册建造师证书的人数合并计算，一级建造师对应一级项目经理，二级建造师对应二级项目经理，建筑业企业聘用的项目经理对应三级项目经理。

过渡期内，外商投资的建筑业企业，需要申办资质或者进行资质年检时，凡涉及项目经理人数考核的，中国籍人士的考核参照前款执行，外籍人士的考核由资质审批部门参照项目经理等级标准考核合格后予以确认。

过渡期内，凡具有一、二级项目经理资质的人员，符合考核认定全部条件，可直接获得建造师执业资格；符合考核认定部分条件的，在参加建造师执业资格考试时，可免试部分科目。

过渡期满后，全面实施建造师执业资格制度，同时仍然要坚持落实建设工程施工项目经理责任制。项目经理岗位是保证工程质量、施工安全和进度的重要岗位。因此，必须加强对项目经理市场行为监管，对发生重大工程质量、安全事故的市场违法违规的，应予以严肃处理。❖

建造师在民营企业中的地位与作用

◆蒋金生

按照《建造师执业资格制度暂行规定》的说明，建造师是以专业技术为依托、以工程项目管理为主业的执业注册人员，近期以施工管理为主。建造师是精管理、懂技术、懂经济、懂法规，综合素质较高的复合型人员，既要有理论水平，也要有丰富的实践经验和较强的组织能力。下面结合中天集团的实际，谈谈建造师在像中天这样的民营企业中的地位与作用，供各位参考。为了能说明更清楚一些，先简单的介绍一下中天集团，中天是2001年初改制完成的民营股份制企业，产业结构分房屋建筑、房地产、路桥三大板块；建筑产值从2001～2003年的25亿、33亿、53亿，到2004年的77亿，2005年业务已超110亿。于2004年获得全国质量管理奖。下面将分两个方面跟大家交流。

一、从中天的建造师人员分布情况来看

施工企业管理的发展方向是项目制管理，这是从“鲁布革”工程管理经验开始引入我国的一种先进的集技术与经济于一体的国际新型管理模式。实施项目制管理的企业，其组织结构设置分为三个层次，即经营决策层、中间管理层和作业层。

（1）经营决策层。主要任务是明确企业的发展方向，寻求、获得项目，处理必须由企业处理的外部关系事务。

（2）中间管理层。中间管理层是企业施工生产的指挥中心，掌握生产要素调配及项目与项目之间的总体协调。

（3）作业实施层。是项目施工管理作业中心，由以项目经理为首的管理机构及施工队伍组成，完成具体的项目任务。

企业的最终目的是获利，而获利的两个关键条件一是决策的正确性，二是通过作业层对项目的控制与管理顺利实现项目目标。所以，美国《财富》杂志的结论是，当代企业的竞争力＝战略计划＋项目管理——扁平化管理。在项目获得以后，项目经理对项目的管理就显得极其重要。包括鲁布革工程在内的大量工程实践已经证明，项目成功的关键是三分技术，七分管理。这足见项目经理在施工企业中的地位。

中天的领航人，总裁楼永良就是一级建造师。其次，中天集团的副总裁、区域公司总经理以及各部门负责人中有多人是建造师，当然现在大部分的建造师，还是分布在各项目部，任项目经理。由于现在的一级建造师总量还不多，所以，所有的建造师都有一定的职务，最低级别为项目经理。事实上，像中天乃至所有浙江的建筑民营企业，注重的是一个人的专业水平；所以，没有建造师的工作经历，是很难进入公司的领导层的。从以上的人员分布上，建造师在中天集团中的地位可见一斑；中天近几年来能有这么大的发展，不管在决策层、中间层还是作业层，建造师都起着巨大的作用，这与现代施工企业管理的发展方向是一致的。中天的建造师的分布，既能保证战略计划的正确性，又能使项目的控制与管理顺利实现项目目标。

同时，我们公司为了鼓励员工参加建造师培训学习，争取考取注册建造师，对考取一级建造师资格的员工给予2万元的奖励，以后每年给予2000元的

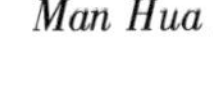

注册津贴。

二、从中天的业务全过程看

建造师在不同制度的建筑施工企业中，他的作用与地位是不同的。不同的企业体制予以建造师的义务与职责不同。像中天集团这样推行经营责任制的民营股份制企业，实行企业搭建平台，建造师尽情发挥其才能的制度。它所特有的责权利必然决定他所特有的地位和发挥好他所特有的作用。下面我着重从建造师作为项目经理的角色谈一下建造师在我们企业中的地位与作用。

1. 建造师是企业业务经营拓展的主体

公司在取得业务信息后，就会确定一个合适的建造师作为首席责任人，对业务信息真伪的甄别，业务信息的跟踪，业务经营成本的测算，报价的确定，标书的投递等等一系列的环节进行全方位的操作；一旦业务中标，该建造师就成为该项目的项目经理。中天集团七大区域市场基地的布局分散着三百多位已注册与还没有资格的预备建造师。他们对当地的业务信息收集最直接、最敏感，就像集团总部分布在全国建筑市场的传感器一样，一有风吹草动就能及时捕捉到相关信息。同时，由于他们最贴近当地建筑市场，最容易甄别信息，排除伪信息所带来的风险。另一方面，分布在当地市场的建造师一般都是经营运作着项目的项目经理，对当地的法律法规、劳务成本、材料信息及当地的价格定额等游戏规则了如指掌，对经营成本的测算最直接、最准确，所以对报价的确定最具发言权。其次，建造师比较了解当地的同行竞争伙伴的底细和实力，能切实比较竞争的优劣势所在，能合理有效地确定让利幅度，争取合理的利润空间，赢得价格方面的竞争优势。按照我们的项目管理模式，项目经营最大的受益者是项目经理，这也就决定了最大的原动力来自于他本身，这也就促使他们在为企业拓展业务的同时也尽最大努力攫取利益空间。这就不难理解项目经理与企业在符合双方规定的游戏规则中自然而然的作为业务经营中市场拓展的主体这一道理了。

2. 资金运作的主力军

项目运作离不开资金的强力支撑，特别是现在的建筑市场，从全国而言建筑行业发展势头很猛，但仍然存在项目运作不规范的行为，大量的借资、垫资非常普遍，特别是房地产行业，而且数额不菲，造成项目启动成本过大，资金缺口很大。另一方面由于同业竞争激烈，互相攀比让利，各自营造竞争优势，为了项目取得不惜承受巨大资金压力。其三，现在的项目都普遍较大（同样经营效益相对较好），要保持正常运作，前期投入包括人、财、物需求很大，没有一定的实力很难启动。作为民营企业，国家的资本支持几乎没有，再加上国家现在对经济规模进行适度调控，银根抽紧，限制了资金来源。同时企业固有资金也面临僧多粥少的局面，为了缓解这种资金的缺口，就只能充分发挥有实力的建造师作为利益最大受益者的原动力作用了。建造师根据自身的利益需求和拥有融资能力千方百计地争取银行贷款，集聚亲朋好友或通过亲朋好友集聚民间闲散资金，解决了通过正常途径没有办法解决的问题，营造了民营企业所特有的优势，释放了民营企业应有的活力。

3. 企业发展的载体

民营企业的体制和组织架构决定了项目经理在企业经营运作中的地位和作用。作为项目经理的建造师是企业领导战略与市场经营，员工管理、企业效益与安全风险控制的传承者。项目经理是企业发展过程中最活跃的因素，企业战略目标必须通过项目经理的经营运作来实现和维护。企业规模的发展壮大和品牌的提升，靠每一个项目经理经营效果的积累。企业要做大做强，首先要有一批做大做强的项目经理作支撑。同样，企业的经营风险需要由每一个项目经理来消化分解，控制和防范。相反，项目经理对每一工程项目管理风险的失控都是对企业整体风险的积聚。企业和项目经理之间既有利益相一致性又有利益的相对独立性。这种利益的一致性与相对独立性构成了企业矛盾统一体。项目经理要做大做强离不开企业母体的培育和支撑；同样企业要持续健康的发展也需要利用和发挥项目经理的载体作用。❖

英国、西班牙、法国建造师执业资格制度

一、建设领域从业人员执业资格管理框架体系

（一）英国

英国建筑业年总产值550亿英镑，占其GDP的10%，建筑业从业人数约150万人，其中具有各类执业资格人数约50万。

1.执业资格制度的管理方式

英国对建筑业进行管理的政府部门是英国贸易与工业部（简称DTI），它不直接管理建筑业各类人员执业资格，英国执业资格都由相应的学会负责，并根据学会章程对会员进行管理。执业资格设置的有关情况由学会负责向英国政府设置的资格管理机构（Qualification Curriculum Authority，简称QCA）报告。英国执业资格不是强制的，不取得执业资格也可以从事相关的工作，但是在业主选择时需要经过多项、复杂的考察手续，取得执业资格的人员在社会上信誉好，从业比较容易。

2.英国建筑行业协会、学会概况

英国建筑业战略论坛（简称SFC）是英国建筑行业最高级别的联席会性质的组织，研究建筑业的战略发展问题，负责建筑业各协会或学会之间以及协会或学会与政府之间的协调和联系。英国建筑业理事会（CIC）是负责建筑业执业资格管理的组织，它也是SFC的成员。CIC成立于1988年，当时只有5个会员，现在已发展成为涉及建筑业各方面的最具有影响力的社会团体，英国负责建筑业人员执业资格的学会基本上是CIC的会员。

英国建筑业理事会（CIC）主要工作是作为政府和工业组织的协调人，进行信息交流和传递，参与制定执业资格标准和人员培训标准，解决公司和客户争端。主要目的是提高专业学会工作效率和质量，改善专业学会对客户的服务，鼓励公司团结一致以国家利益为重，加强个人会员的执业道德建设。CIC在英国各地已成立了6 个分支机构，还将成立6个分支机构，工作范围将涵盖英国所有地区。CIC由建筑企业、咨询公司、研究制定标准和政策的机构、院校等团体会员和从事建筑、咨询、标准制定、政策研究、教育等方面工作的个人会员组成。

英国建筑业战略论坛（SFC）和协会或学会间的相互关系如下图所示：

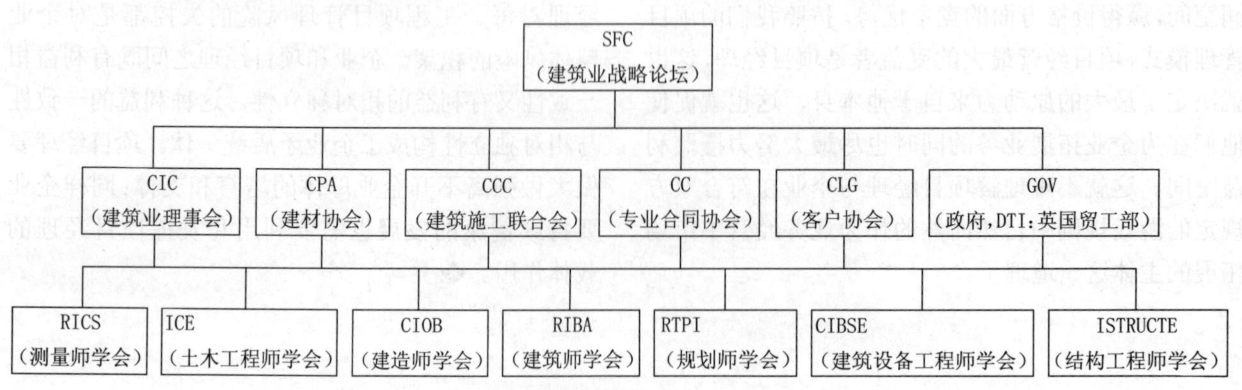

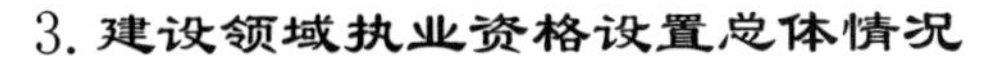

3.建设领域执业资格设置总体情况

英国建筑业从业人员的执业资格分为七类，皇家特许测量师、皇家特许建造师、皇家土木工程师、皇家建筑师、皇家结构工程师、皇家建筑设备工程师和皇家规划师。

这七类执业资格分别由七个学会负责管理，成为学会的会员，就具有了相应的执业资格。这七个学会分别是：皇家特许测量师学会（Royal Institution of Chartered Surveyors）、皇家特许建造学会（The Chartered Institute of Building）、土木工程师学会（Institute of Civil Engineers）、英国皇家建筑师学会（Royal Institute of British Architects）、结构工程师学会（The Institution Of Structural Engineers）、皇家建筑设备工程师学会（Chartered Institution of Building Services Engineers）、皇家城市规划学会(Royal Town Planning Institute)。

人员执业资格条件主要有两个，一是学历教育，二是毕业后的实践经历。每个学会对会员的培养都和大学的教育紧密联系，大学课程的设置需经学会评估、同意。在校学习规定课程的学生可以申请成为学会的学生会员；学满规定课程的毕业生，接受学会的培训、考核，合格后即可成为学会的正式会员。各专业学会负责各自相关专业的评估，其相互之间是互认的。如英国皇家建造学会负责建筑管理专业课程评估，并给该专业毕业生评定专业积分，作为其成为会员的一个条件。来自土木工程、测量、设计、建筑设备工程等专业的毕业生也可以成为建造师学会会员，这些毕业生的专业积分由各专业学会评定，其积分效力相同。

在英国，法律未对建筑业各类执业资格人员的从业有任何限制性要求，学会在发展过程中产生一定的分工，各有侧重，人员从业要求主要是依据社会的认可和人员自身的实践经验。如皇家特许建造师侧重建筑管理方面，大多数会员从事施工管理工作，但是其会员也可以从事工程项目设计或工程建设全过程的管理。

4.学会会员标准

学会会员资格标准都遵守英国国家职业资格标准（National Vocational Qualification 简称NVQ）(在苏格兰，称为SVQ)。在英国，国家标准的管理工作由副首相办公室负责。一般是先由协会提出新的标准，经国家标准管理部门审核同意后，在企业中成立案例组进行试用，经政府认证机构评估后由副首相办公室负责颁布。关于建筑业标准由原国家专门负责标准制定的组织CISC制定，该组织资金由政府提供，1999年该机构合并到英国建筑业理事会(CIC)中。

NVQ/SVQ标准涵盖了所有的行业和所有的级别，它是个人工作能力考核的依据，是人才培训、选拔、任用的基础标准，标准分五级。各学会依据这一标准制定了自己专业的会员标准。例如英国建造学会（CIOB），准会员（ACIOB）对应的是NVQ3(三级)，合作会员（ICIOB）对应的是NVQ4，会员（MCIOB）对应的是NVQ5。

（二）西班牙

近五年来，西班牙建筑业呈发展势头，建筑业总产值平均每年增长7.9%，2001年建筑业总产值为93.4亿美元。按用途划分，住房占37%，公用工程(铁路、公路、市政、高速公路)占22%，楼房改造占30%，其他占11%；按投资来源划分，私人投资占78%，政府投资占22%。

1.执业资格总体设置情况

西班牙建设领域执业资格分为五类：建筑师(Architects)、技术建筑师(Technical Architects)、土木工程师(Civil Engineers)、技术工程师(Technical Civil Engineer)和工业工程师(Industry Engineers)。西班牙建筑行业具有执业资格人员约有10万多人，

建筑师(Architects)负责工程项目的设计，同时可以负责监督工程按设计意图施工，但二者也可以不是一个人，建筑师都是个人执业。

技术建筑师(Technical Architect)有43000人，负责工程项目施工监督管理，要求具有建筑管理理论知识、丰富的实践经验。既可承担施工承包商的项目管理，又可以受雇于业主实施工程施工项目监督管理。

土木工程师(Civil Engineers)、技术工程师(Technical Civil Engineer) 和工业工程师(Industry Engineers)分别从事有关工程项目的

结构计算、施工图设计和专业工程项目的设计施工等。

投资者完成工程项目一般需要签三个合同，三个合同的对象分别为：负责工程项目设计的建筑师、负责对工程项目施工进行监督管理的技术建筑师以及施工承包商，其合同各方的关系在《西班牙建筑组织法》中有明确规定。相当于我国建设工程管理中的投资方与设计院、监理公司、施工方之间的合同关系。

2. 执业管理方式

建筑行业执业资格分别由各自的行业协会负责管理，成为协会的会员也就具有了执业的资格。相关专业的大学毕业生向协会提出申请，经考核合格后获得会员资格，不需考试。如：通过城市规划或建筑专业 5 年大学学习，毕业后加入该协会即成为建筑师；通过建筑管理和建筑技术专业 4 年大学学习，毕业后即成为技术建筑师；土木工程师是 5 年大学毕业；技术工程师 3 年大学毕业。

（三）法国

法国建筑行业只有一种执业资格，由法国文化部管理。获得建筑师执业资格，必须经过指定大学的专业学习，目前法国有 3 所学制为 6 年的大学可以颁发建筑学专业的文凭。建筑师实行严格的个人执业，在公司中工作的具备建筑师执业条件的人员，不能在协会注册获得建筑师资格。法国现有 27000 名注册建筑师，有 19000 名将来可以取得建筑师文凭的在校学生，有 8000 名有资格但未注册的建筑师。

法国法律规定：建筑面积为 170m² 以上的房屋建筑项目必须由建筑师完成，专业工程项目需由相应工程师完成(对工程师没有执业资格要求)。政府投资的房屋建筑项目需要进行方案竞争选择建筑师。其中，小型工程由市长或项目负责人根据文字资料选择建筑师，大中型工程由成立的委员会进行审查，只是大型工程分为初审和再审两个程序。

工程项目施工由工程师负责，相关专业大学毕业后就可以成为工程师，对工程师不设执业资格。业主可以同时和建筑师、工程师签合同（工程师由建筑师推荐），也可以全权委托建筑师完成工程项目。

二、英国建造师执业资格制度的基本情况

比较这三个国家执业资格制度情况，英国皇家特许建造师执业资格制度建立时间久，管理制度健全，因此，仅将英国执业资格制度有关情况介绍如下：

1. 基本情况

英国建造师称为特许建造师 (Chartered Builder)，执业资格由皇家特许建造学会(CIOB:The Chartered Institute of Building)负责管理。

(1)英国皇家特许建造学会的基本情况：

该学会是一个由从事建筑管理的专业人员组织起来的社会团体，成立于 1834 年，1980 年获得英国皇家特许资格。它主要从事教育、科研和会员的管理，是非营利的组织，没有政府资助。学会会员分五级，即学生会员 (Student)SCIOB、准会员 (Associate)ACIOB、合作会员(Incorporated) ICIOB、会员(Member)MCIOB、资深会员(Fellow) FCIOB。其中：准会员(Associate)ACIOB、合作会员(Incorporated)ICIOB 属于专业技术人员类别；会员(Member)MCIOB、资深会员(Fellow)FCIOB 属于专业管理人员类别。

学生会员(SCIOB)、准会员(ACIOB)和合作会员(ICIOB)属于非正式会员(No-corporate)。学生会员(SCIOB)由在校相关专业学习的学生通过申请获得，准会员(ACIOB)和合作会员(ICIOB)学历和工作经验都相对较低，由相关专业毕业学生或相关工作经验者申请获得；非正式会员在学会中不具有参加选举等权利。会员 (MCIOB) 和资深会员 (FCIOB)属于学会的正式成员(Corporate)，在学会中享有正式权利，并参加学会的选举。

对于各类会员资格的管理都是由学会统一负责，并由其派往学校、企业的专职人员具体落实完成。管理工作包括会员的培养、考核、注册、培训、继续教育等方面，其中会员的培养是学会的一项相当重要工作，并严格执行职业开发项目 PDP (Professional Development Program 简称 PDP)。目前，各类会员人数共约 4 万人，其中会员(MCIOB)约有 2.5 万人，资深会员(FCIOB)1000 人。

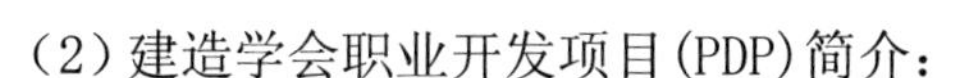

（2）建造学会职业开发项目(PDP)简介：

对象：从事工程项目管理实际工作的相关专业大学毕业生。

方式：大学毕业后，在实际工作中，通过师傅带徒弟的方式，完成各项考核指标，每项指标必须提交报告，并由CIOB的专门人员进行评测。

时间：三年时间内完成9个单元，并达到所有要求，但在完成顺序上可以根据个人的实际情况自行安排。

具体内容：决策制定（decision making）、沟通（conmunication）、信息管理（managing information）、制定工作计划（planning work）、工作质量管理（managing work quality）、职业健康安全管理（managing healthy and safety）、材料管理（managing resources）、风险管理（assess environmental constaints）、造价管理（managing cost and valuation of work）、自我管理能力（personal management at work）

2. 英国建造师不划分专业

对于英国来讲，一般不存在跨专业执业的情况。由于加入CIOB是一种自愿行为，并非强制，在实际工程项目中主要看个人以往的工作经验和业绩，因此在该领域没有实际工作经验的人员在实际工程项目管理中很难得到认可。

3. 英国建造师划分等级为两个等级

会员（Member）MCIOB、资深会员（Fellow）FCIOB。

4. 建造师资格条件

会员（MCIOB）：相关专业大学本科毕业，在实际工作中通过CIOB的职业开发项目（PDP）训练，并经过CIOB专家组织的专业面试合格后，方能获得。

资深会员（FCIOB）：具有5年MCIOB资格的高级管理人员和领导者可以获得。

5. 继续教育

获得MCIOB后，CIOB通过其分支机构，利用社会办学的方法实施专业继续开发项目（Continue Professional Development—简称CPD），每年最少为会员提供30小时的培训。

6. 注册

学会会员注册期为两年，如不及时进行注册，需要再次进行专家专业面试后方予重新注册。

三、对建立我国建造师执业资格制度几点建议

通过考察，我国的建造师执业资格制度应立足于我国工程建设的实际情况，同时借鉴国外在人员执业资格管理方面的有益经验。提出如下建议：

（1）建造师定位：建造师应是具有建筑管理专业及其相关技术、经济专业的学历和工程项目管理实践经验、负责组织工程项目施工或工程项目总承包(包括勘察、设计）的专业技术人员。

（2）建造师的等级和专业：为便于人员培养和管理，建造师应分等级和专业，国外虽然对专业没有明确划分，但据了解，具有执业资格的人员很少跨专业执业，大家都很遵守行规，重视信用，市场也非常重视人员以往的业绩。但在我国目前个人执业不规范、个人信用尚未完全建立的情况下，需要通过专业划分来规范个人执业行为，保证工程质量。专业划分，不宜过多，以更好发挥管理者的作用，合理使用人才。

（3）建造师资格的取得应和学校教育相结合。建造师资格考试应结合其在校学习的专业、学习的时间及从业后的实践经验，对考试内容进行适当调整，并注重其实践能力的测试。专业以建筑管理专业为基础，可以涵盖建筑技术和经济等有关的专业。目前我国组织进行的大学建筑管理等相关专业的教育评估互认，也为以后进行执业资格的国际互认创造了条件。

（4）考试制度：建造师执业资格应通过考试获得。我国目前执业资格都实行考试注册制度，建造师执业资格也应进行全国统一考试。全国统一考试大纲、统一考试试题库、统一录取标准、统一注册管理办法。

注册建造师的执业不应受地域的限制，取得执业资格的人员，经注册后应可以在全国范围内执业。各级管理部门不应再设置任何附加条件，干预业主对符合条件人员的选择。

（5）注册管理及其他事项：借鉴国外执业资格人员管理的办法，我国建造师也应由行业自律

组织管理，包括培训、考试和注册等方面的管理。如组织成立注册建造师学会，实行会员制。开始时，可以由政府牵头成立，并促使其逐步发展成为行业自律组织。

四、几点体会

(1) 英、法等欧洲发达国家很重视对建设领域专业技术人员的行业管理，结合本国实际，形成了各具特色的管理制度。个人执业资格大都是由行业学会管理，政府予以确认。有的资格是强制的(国家法律中有明确规定)、有的没有强制。从本质上看，国外的这项制度是一种专业人才社会评价、市场准入制度，是与这些国家的市场经济体制、特别是与建设体制相适应的一种制度。该制度以市场需求为基础，制定科学和严格的执业标准，并引导企业和专业技术人员贯彻落实，吸收符合标准的专业技术人员作为其会员。根据科学技术的发展、国家法律的要求和市场的变化，不断改进评估标准、执业标准，达到提高专业技术人员素质的目的。

(2) 英、法等欧洲发达国家的专业技术人员管理制度体现了以人为本的思想。所有执业资格都和大学的在校教育相结合。相关专业学生毕业后，学会按照会员培养计划，给予专门培训，定期考核，培训计划结束，个人也就取得了执业资格。或者将培训计划纳入大学教学中，毕业后直接获得相应执业资格。在这种制度下，有志于工程建设事业的专业技术人员能更快地成长，培养良好的职业道德，充分发挥才干。

(3) 个人的执业信用和执业保险是个人执业的基础。英、法等欧洲发达国家专业技术人员的管理制度体现了市场经济体制下的诚信原则。这几个国家在执业资格制度方面共同的特点是都建立了个人执业保险制度，由于个人的差错给工程项目施工带来的损失都通过保险赔付。对于以个人名义成立的机构，人员必须具有所从事业务相应的执业资格，并经注册后方可开展工作。

个人信用在执业中非常重要，个人执业时，其以往的经历是业主重点考察的内容。个人执业的情况由各个学会负责记录，以定期注册的形式进行管理，在两次注册期内要接受学会的继续教育。学会对会员的管理有严格的规定，如果会员出现问题，学会的声誉也受到影响，由于制度完善、管理严格，会员很少发生违规行为。

(4) 建造师执业资格制度应当处理好与现有建筑类执业资格的关系。譬如与注册建筑师、注册结构工程师、注册土木工程师（岩土）、房地产估价师、注册监理工程师、注册造价师的关系，特别是在考试人员在大专院校的学习专业、考试制度（考试模式、时间）、注册制度、执业管理方面应统一协调、有机结合。同时，要研究和国际上其他国家执业资格互认的问题，为我国开拓国际建筑市场提供所需要的人才。❖

国际建造师学会及美国的建造师执业资格制度

一、国际建造师学会简介

国际建造师学会（International Association for Professional Management of Construction，简称 IAPMC）发起于 1995 年，1997 年在美国华盛顿正式成立。我国同济大学丁士昭教授为该学会主要发起人之一。

国际建造师学会成立的目的在于通过国际间的广泛合作和国际互认，建立起为国际认可和通用的建造师执业资格制度的国际标准。其最终目标是通过建造师执业资格制度的实施来提升建筑产品的质量。自学会发起并成立以来，已有美国、英国、西班牙、南非、印度、澳大利亚等 17 个国家的相关组织成为其会员。建立起了国际间建造师相关组织的联系和合作渠道。学会的运作方式主要是通过定期召开常务理事会议来研究如何推动国际建造师执业资格制度的发展，以及决定学会本身发展的重大事宜。

通过对美国的建造师（AIC、CPC）、南非的执业建造经理（Professional Construction Manager）和注册建造项目经理（Registered Construction Project Manager）、西班牙的建造师、印度的建造师、牙买加的建造经理（Construction Manager）和项目经理（Project Manager）、英国的现场经理（Site Manager）以及我国的项目经理等制度的比较，可以看出，目前国际上各个国家在建造师职业资格制度的做法上还不尽相同。名称上有注册建造师、注册建造项目经理、施工项目经理、现场经理等不同的叫法。在从业范围上有的包括设计、施工、咨询全过程，有的则只限于现场施工管理。在管理方式上有的实行政府强制性的注册管理，有的则实行自愿加入的会员式管理方式。

虽然各国在具体做法上存在较大差异，但其基本制度规定上大体包括：资格的取得、资格的管理、教育评估、继续教育等内容。在管理方式上，虽然有的实行政府强制性的注册管理，有的实行自愿加入的会员式管理，但在实际效果上均达到了规范职业秩序，促进专业人员素质提高的目的。正是基于此，一些组织之间（如美国建造师学会与英国特许建造师学会、英国特许建造师学会与西班牙等等）已经就建造师执业资格达成了互认协议。

鉴于各国在建造师执业资格制度上的差异，目前，国际建造师学会正致力于加强各国相关组织之间的交流与合作，促进资格和专业评估的互认，研究并制定统一的、为各国所接受的建造师执业资格标准。

二、美国的建造师执业资格制度

美国于 1971 年成立了美国建造师学会（The American Institute of Construction，简称 AIC）进行建造师的资格认证工作。该协会的资格认证委员会对建造师的定义为：通过教育和实践获得技能和知识，从事建造工作的全过程或一部分工作的专业人员。建造师要具备一定的专业水平和职业道德，并不断地提高自身的技能和教育水平，以适应建造业不断发展的需要。建造师的工作范围主要包括：项目经理（Project Manager）、总指挥（General Superintendent）、项目执行者（Project

Executive)、操作经理(Operation Manager)、施工经理(Construction Manager)、首席执行官(Chief Executive Officer)等等。

美国建造师学会将建造师资格分为两级,即:助理建造师(Associate Constructor,简称AC)和注册建造师(Certified Professional Constructor,简称CPC)。取得助理建造师或注册建造师资格,均需要通过相应的考试和资格认证。通过考试和认证的人员,由学会颁发相应的资格证书或认证卡。但是,只有注册建造师才被允许在名字后面冠以注册建造师(CPC)字样,以表明其拥有这样的资格。

在美国,政府一般不直接管理或控制其执业资格,而是通过非政府的机构或专业协会负责。因此,美国建造师学会对建造师资格的认证是一种非官方的,是专业行业组织对从事建造业的专业人员的知识水平、受教育水平、实践技能和经验的评估和认证。专业人士申请建造师资格的认证是一种自愿的个人行为。通过认证的人员,被社会和企业所认可,在建造管理全过程或某一方面的工作中具有较高水平的技能和知识。正是由于这种非官方的性质,决定了学会与建造师之间的权利和义务关系。学会不直接干预建造师的从业问题,而是通过建立一个为社会、企业、专业人士以及政府等各方广泛认可的建造师执业标准,通过对建造师资格的认证以及为建造师不断提高自身素质服务,来建立起一种行业资格认证制度和社会信用制度。

除美国建造师学会以外,美国建造师执业资格制度体系中另外一个重要的机构是美国建造师教育专业评估委员会(American Council for Construction Education,简称ACCE)。委员会的主要工作是制定建造专业教育评估政策和标准,并对院校的相应专业进行评估。通过评估的院校的毕业生较没有通过评估的院校的毕业生在申请建造师资格认证时,在从事实际工作年限的要求方面要短一些。更重要的是,利用专业评估的手段对院校的教育提出要求。目前,全美已有61所院校通过了ACCE的专业评估。ACCE还和英国特许建造师学会(CIOB)以及加拿大有关建造师专业教育评估组织在教育评估方面达成了互认协议,相互认可各自进行的评估结果。

三、对我国建立建造师执业资格制度的建议

1. 加入WTO以后,中国要成为一个大的建筑输出国,建立与国际接轨的建造师执业资格制度是十分必要的。国际建造师学会的目标是通过建造师执业资格制度来提升建筑产品的质量,这也应该是中国建立建造师执业资格制度的目标。

2. 中国拥有一支很大的建造专业人员队伍,建筑业的产业关联度高,在国民经济中占有相当重要的地位。因此,中国建立建造师执业资格制度,要特别注重质量的要求。

3. 在执业资格标准的制订上,要坚持灵活的原则,标准不要定得太死,否则不利于行业和学会的发展。要特别注重专业教育评估、继续教育和培训等制度建设。

4. 建议中国建造师执业资格制度中应充分考虑建造师执业时,能够把设计与施工结合起来,避免施工过程中各环节相互脱节。

5. 虽然国际建造师学会在致力于建造师执业资格标准的统一和国际互认,但建议中国的建造师执业资格制度在学习国外先进的、成熟的经验的同时,要突出自己的特色。

6. 中国在建立建造师执业资格制度的过程中,如果需要建立一个咨询委员会,国际建造师学会及相关组织将给予帮助。❖

一级建造师执业资格考试复习方法及应试要领

◆江　建

全国一级建造师执业资格考试采用标准化试卷，综合科目试题的题型分为单项选择题和多项选择题，专业科目试题的题型分为单项选择题、多项选择题和综合（案例）分析题。各科目考试时间、题型、题量、分值按表1设定。

一级建造师执业资格考试涉及的内容多，范围广、专业性强，且考试的时间又比较紧张，具体试题的出题深度，尤其是专业考试科目的综合案例试题到底是何形式很难把握。因此，应考者要想取得理想的成绩，除了应全面、系统地掌握考试内容外，还应注意复习的技巧、考试的特点和应试的技巧。

一级建造师各科目考试时间、题型、题量、分值　表1

序号	科目名称	考试时间（小时）	题型	题量	满分
1	建设工程经济	2	单选题　多选题	单选题60　多选题20	100
2	建设工程项目管理	3	单选题　多选题	单选题70　多选题30	130
3	建设工程法规及相关知识	3	单选题　多选题	单选题70　多选题30	130
4	专业工程管理与实务	4	单选题　多选题 案例题	单选题20　多选题10 案例题5	160 其中案例题120分

一、对考试涉及范围和深度的理解

根据2004年度一级建造师试题情况以及我国各类似执业资格考试的要求，考试的范围完全限于由建设部组织编写、人事部审定的《一级建造师执业资格考试大纲》中明确的内容；考试的深度也完全限于《一级建造师执业资格考试大纲》所涉及的内容深度；在专业考试中的综合性和灵活性是对各专业技术、经济、项目管理以及各专业的法律法规、相关知识在实践中的综合应用，所考知识点不超出考试大纲和考试用书的范围和深度。因此，在复习过程中，应考者应始终以大纲为依据，以考试用书为内容，以现行的法律法规为基础进行重点复习。对大纲上没有的、考试用书中没有涉及的、实际工作中有争议的、法律法规中有表述不一的，在试题中一般不会出现，应考者不必再多花时间去复习、考虑，也即应考者应重点吃透考试大纲中的知识点，紧紧围绕考试用书中涉及的内容和深度，并灵活掌握和应用这些知识点的概念和内容，加上自身在实践中的体会，应是我们应考者复习、应考中重点注意的问题。

二、对应考者复习方法的建议

1. 以系统性知识了解为基础，对知识点内容进行重点复习

考试大纲是国家对一级建造师综合知识水平和工作能力的基本要求，是命题的依据，是考试用书编写的依据，也是应考者复习范围和复习内容的依据。考试用书是对考试大纲中知识点的解释，是对问题的回答，不涉及"为什么"和过程推导。考试用书的编写方式其章、节、目、条的编码与相应考试大纲完全保持一致，内容完全是针对考试大纲的知识点编写的。

因此，应该注意到，考试用书的编写方式不同于一般系统阐述一门学科的教材。这种编写方式一方

面非常有利于应考者查阅、复习，要求和答案也非常清晰明了；另一方面，由于知识点之间的系统性、逻辑性、推理性、关联性相对薄弱，对于应考者来讲理解、记忆和弄清知识点的内在含义和相互关系较困难。因此，建议应考者应查阅有关教材和参考资料，这对于真正掌握、熟悉和了解有关考试大纲中的知识点来讲是非常有益的。例如，《建设工程经济》这门考试科目，它主要涉及建设工程经济、会计基础和财务管理、建设工程估价三个学科的知识内容，应考者可以先结合考试大纲系统地学习一下这三门学科的教材或参考资料。一般来讲，系统性学科（如《建设工程经济学》）的教材或参考资料基本上能涵盖考试大纲中的知识点（现金流量、利率、资金时间价值、项目周期、项目可行性研究、项目财务评价、不确定性分析和盈亏平衡点、敏感性分析、价值工程、设备寿命及磨损更新等），对于有些教材或参考资料没有的而在考试用书里深化的知识点（新技术、新工艺和新材料、设备租赁与购买等）可以结合建造师考试用书中明确的概念来综合理解。基本弄清教材或参考资料内容后，再针对考试大纲中的知识点，逐条复习和理解，以系统性学科知识为基础，以考试大纲中知识点掌握为重点复习内容，这样对于全面弄清大纲和考试用书涉及的知识点的内容就容易得多，而且往往可以起到事半功倍的复习效果。

2. 重点和全面兼顾相结合的复习方法

建造师执业资格考试大纲和考试用书为纲目式结构。综合科目考试大纲与专业科目考试大纲均按章、节、目、条的层次编写。考试大纲中，“章”反映的是“学科群”、“节”反映的是“学科”、“目”反映的是“知识能力结构”、“条”反映的是“知识点”。其中“目”按掌握70%、熟悉20%、了解10%的比例和顺序来表述。

要求“掌握”的是重点内容，也是命题的重要考点，要求应考者能灵活应用，复习时应考者对这部分内容要理解得详细、深入；要求“熟悉”的内容是重要内容，应考者除弄清楚各个知识点的原理、内容、依据、程序及方法外，还要注意与其他易混淆的知识点进行对比复习，加强记忆；要求“了解”的是相关内容，考试深度较浅，考题更直观，易得分。根据以往执业资格考试的经验，重点与非重点知识点均会出到试题，因此，应考者应遵循突出重点和全面兼顾的复习原则，考试前全面复习甚至通读多遍考试用书是很有必要的。在此基础上，有必要抓住重点及重要内容等进行重点复习。

3. 复习和练习相结合的方法

应考者在遵循突出重点和全面兼顾的复习原则的前提下，还应进行大量的模拟试题的练习，通过练习可以加深对考点的理解和掌握，检验复习的效果，提高应考者对考题及考试的适应性。同时，在练习时应注意对正确和错误答案的原因分析，不是只选出正确答案就可以了，而应弄清楚正确和错误的原因，因为练习是模拟试题，实际考试中可能恰巧是用另一种提问方式，只有这样反复练习，对全面和熟练掌握知识点是非常有益的。

4. 深刻理解和灵活运用相结合的复习方法

应考者对大纲和考试用书中涉及到的知识点在全面复习的基础上，还应深刻理解和特别注意区别“目”中相关“条”知识点的概念、特点和具体方法的灵活应用，在考试时灵活应用这些知识点。

例如，考试大纲中给出的考试样题的第一题就是涉及考试大纲中工程施工质量控制中统计分析方法“目”中分层法、因果分析图法、排列图法、直方图法四“条”知识点。应考者根据考试用书在复习时应深刻理解这四种统计分析方法的概念、特点、区别和具体运用的方法，同时也应在考试中灵活掌握和运用。

二、要掌握命题者的出题特点

应考者要掌握命题的一些特点。在有限的考试时间内，命题者出题时一方面要考虑到试卷结构的全面性，尽可能多地覆盖考试大纲所涉及的知识点以考查应考者所掌握知识的全面性，又必须让不同的应考者在有限的时间内完成考试内容；而且题目必须思路清晰、准确，答案要求惟一；又要照顾到全国不同的民族、地区、民俗习惯、性别、年龄等差异因素，不能有任何的歧视、不平等内容的出现；应考者的通过率又不能太高或太低；要让现实中大部分一级项目经理能通过考试逐年获得建造师执业资格；建造师作为一项制度在近几年内要在全国各行业部门系统中大规模推行，必须解决现实中建造师的数量问题等等因素的综合考虑。

命题者命题时一般会考虑以下几个因素：

1. 全面考核,突出重点。考虑各章节之间的平衡以及每一科目内知识点的覆盖面，命题者命题时一般突出重要的、常用的知识点作为考试的重点;各知识点的出题比重也是命题者重点考虑的问题。如《建设工程经济》共有117“条”知识点,其中掌握67条,熟悉28条、了解22条。考试单选题共60题,多选题共20题，考虑到多选题知识点较多的因素，一般来说,考题基本上覆盖了所有的知识点的内容,每题不会太难、太偏、太深。

2. 考应考者对知识点的概念以及相关知识点异同点的掌握情况。如下面例题1、例题2和例题3。

3. 考应考者对知识点掌握的熟练程度,主要反映在时间的限制上。

4. 考应考者综合运用知识的能力和职业判断能力。如下面例题4。

【例1】(单项选择题):设备从投入使用到因技术落后而被淘汰所延续的时间称作技术寿命,又可以称作(　　)。

A. 物理寿命　　B. 经济寿命

C. 自然寿命　　D. 有效寿命

[答题分析]:正确答案应该是“D. 有效寿命”。练习这样的题目时,不仅要练习找出正确的答案,更重要的是同样也应弄清技术寿命(又称有效寿命)、自然寿命(又称物理寿命)、经济寿命等概念之间的区别,这样变换同类型题目时答题就不困难了。如题目改例2时就可轻松答题。

【例2】(单项选择题): 设备从投入使用开始,直到因物质磨损而不能继续使用、报废为止所经历的全部时间,称为自然寿命,又可以称作(　　)。

A. 物理寿命　　B. 经济寿命

C. 技术寿命　　D. 有效寿命

【答题分析】正确答案“A、物理寿命”。自然寿命(又称物理寿命)是指设备从投入使用开始,直到因物质磨损而不能继续使用、报废为止所经历的全部时间;技术寿命(又称有效寿命)是指设备从投入使用到因技术落后而被淘汰所延续的时间; 经济寿命是指设备从投入使用开始，到因继续使用在经济上不合理而被更新所经历的时间。应考者全面掌握了设备的各种寿命概念,考题再变化也就不担心了。

【例3】(考试大纲样题一,单项选择题):下列工程质量统计分析方法中，可用来判别施工质量是否属于正常状态的方法是(　　)。

A. 分层法　　B. 因果分析图法

C. 排列图法　　D. 直方图法

【答题分析】对于这样的考题,应考者首先应该抓住“质量统计分析方法”这个关键知识点,是属于《建设工程项目管理》考试科目质量控制中工程质量统计分析方法的内容，工程质量统计分析方法有分层法、因果分析图法、排列图法、直方图法4种。分层法是对工程质量状况的调查和质量问题的分析,找出质量问题及其原因；因果分析图法是对每一个质量特性或问题逐层排查找出其最主要的原因;排列图法是质量管理过程中，通过抽查检查或检验试验过程中出现的质量问题、偏差、缺陷、不合格等统计分析，以及造成质量问题和原因的统计数据分析排列出问题的累计频率和频数,得出应重点管理、次重点管理和适当加强的问题,又称ABC分类管理法;直方图法是观察分析生产过程质量是否处于正常、稳定和受控状态以及质量水平是否保持在公差允许的范围内。题中要求判别“施工质量是否属于正常状态”,很显然“D. 直方图法”应是正确答案。

这四种方法的概念和内容在考试用书中均非常明确。命题者在命题时可以通过单项选择题或多项选择题的形式来考应考者对于这四种方法概念、特点、区别和具体应用的掌握情况,也可以结合具体的施工质量问题及原因分析或其他的知识点通过专业考试的案例考题(例4)的形式来命题,应考者只有在深刻理解的基础上灵活运用这些知识点来完成试题。

【例4】某施工单位的质检部门对其下属分公司承担的某公路桥梁工程项目中钢筋混凝土结构工程进行质量检查,抽查结果发现存在以下问题:

序号	存在问题项目	数量
1	横向裂缝	75
2	纵向裂缝	44
3	蜂窝麻面	15
4	局部露筋	8
5	强度不足	4
6	其他	4
合计		150

【问题】

①在工程施工中，常用的工程质量统计分析方法主要有哪几种？对于本工程出现的质量问题，质检部门适宜选择哪种工程质量统计分析方法分析存在的质量问题？

②试分析混凝土预制梁存在的主要质量问题是什么？

③对出现的主要问题分包单位可采取哪些主要技术措施进行防治？

【本题考核要点】考核应考者对工程质量统计分析方法的实际应用能力和对出现的主要质量问题应采取技术措施的实际应用能力。

【本题答题思路】

①工程质量统计分析方法除分层法、因果分析图法、排列图法、直方图法四种外还有其他多种方法，但考试大纲中只列出了这四种，因此，应考者应紧紧围绕大纲要求，不必再答其他的统计方法。

对于质量控制管理中，对通过抽查检查或检验试验过程中出现的质量问题、偏差、缺陷、不合格等统计分析，以及造成质量问题和原因的统计数据分析排列出问题的累计频率和频数，得出应重点管理、次重点管理和适当加强管理的问题，应选用排列图法进行分析。

②主要质量问题：

A.数据列表计算

序号	存在问题	项目数量	累计频数	累计频率
1	横向裂缝	75	75	50.0
2	纵向裂缝	44	119	79.0
3	蜂窝麻面	15	134	89.0
4	局部露筋	8	142	95.0
5	强度不足	4	146	97.0
6	其他	4	150	100.0
合计		150		

B.绘出排列图(略，参考《建设工程项目管理考试用书》中图1Z204053)

C.分析：根据累计频率在0%～80%区间的为主要问题，在80%～90%区间的为次要问题，90%～100%区间的为一般问题的判别原则，通过排列图可以得出主要原因是横向裂缝和纵向裂缝，是应该重点管理的问题；蜂窝麻面是次要问题，是次重点管理；局部露筋、强度不足、其他是一般问题，按常规适当加强管理。

③ 主要的质量问题是横向裂缝和纵向裂缝，参见公路工程施工主要质量通病及防治措施中有关钢筋混凝土结构裂缝的防治措施的内容，可以根据考试用书公路工程分册第1B427034的内容回答，即：

A.选用优质的水泥和优质的骨料；

B.合理设计混凝土的配合比，当水灰比过大时容易出现裂缝；

C.避免混凝土搅拌时间过长后使用；

D.加强模板的施工质量，避免出现模板移动、鼓出等；

E.避免出现支架下沉，脱模过早、模板不均匀沉降；

F.混凝土浇筑时要振动充分，混凝土浇筑后要加强养生工作。

四、考试答题中应注意的其他问题

1.掌握答题的时间，保持相对稳定的答题速度

通过对第一次一级建造师考试及历届其他执业资格考试各科考试规定时间和答题时间的对照分析，命题者在一份试题中所包括的题量，往往比规定的合理（正常）答题时间所完成的题量小。也就是说，按照正常的答题速度，试题规定的考试时间应该有一定的富余。一般来讲，完成每题答题所花费的平均时间对于单项选择题应在1分钟内，多项选择题在2分钟内，案例题应在35分钟内。留有的余量时间主要是对没有把握的答题进行推敲和复查。

根据建市监函[2004]20号《建造师执业资格考试命题有关问题会议纪要》的通知中给出的各科目考试时间、题型、题量等情况，我们根据经验大致推算了一个答题时间分配表，各科每种类型题目应掌握的答题时间和答题速度见分配表（表2）。

从中我们可以看到：《建设工程经济》和《专业工程管理与实务》时间是非常紧张的，答题时更应掌握答题的时间速度。《建设工程项目管理》和《建设工程法规及相关知识》时间相对比较宽余，但多项选择题比较多，也要适度掌握答题时间，不能掉以轻心。但你也不必担心，如果掌握熟练，有不少题目可能不到1分钟就可作出选择，这样，你就有足够时

间去考虑相对较难的问题。

另外，答题时首先通读并回答你知道的问题，跳过没有把握作答的问题。在一道题上花过多的时间是不值得的，即使你答对了，也可能得不偿失。在没有把握的题前做一个记号，做完所有题目后只需对没有把握的题再推敲、复查。如再有时间，可以重新计算你的时间，看看余下的每道题要花多少时间，再分配一下。其中，题量大、含有斟酌因素的多选题最难，遇到这样的题，“随便”猜猜就过去，不要纠缠。因为一道多选题5个答案，题量相当于2～3个单选题而且负“连带责任”，有时多想反而会错。对于前三科来讲，单项选择题的比重还是很大的，与多选题相比相对较容易一些，所以富余时间尽量可以多化一点在单项选择题上，即从得分成效上讲，应更寄希望于在单选题上拿分，而不能寄希望于在多选题上拿分，多选题应该立足于把能确定的、能拿的分拿回来。

各科答题时间分配表 （单位:分钟） 表2

序号	科目名称	考试时间	题型及题量	每题分配时间	每类题型合计分配时间	每科合计分配耗时	余量分配时间
1	建设工程经济	120	单选题 60题	1	60	100	20
			多选题 20题	2	40		
2	建设工程项目管理	180	单选题 70题	1	70	130	50
			多选题 30题	2	60		
3	建设工程法规及相关知识	180	单选题 70题	1	70	130	50
			多选题 30题	2	60		
4	专业工程管理与实务	240	单选题 20题	1	20	215	25
			多选题 10题	2	20		
			案例题 5题	35	175		

案例分析题得分一般出入不大，答题不求深入细致，但求按照分值分配时间，掌握好时间节奏。对于论述、分析题有时间可以适当扩展相关的知识点答题范围，有时可以“踩”到预想不到的得分点。各得分点一般不负连带责任，答对多少就得多少分。

2.考前心理准备

临考前心情紧张是非常正常的，而且适度的紧张反而有利于考试水平的发挥。放松一下，相信自己，相信自己有能力、有把握考好本次考试。试卷发下后，你应该做的是：

（1） 相信时间来得及，只要抓紧就可以完成。

（2）认真听取监考人员宣读的注意事项，仔细阅读各类题型的答题要求；如案例答题绝对不可以用铅笔。答题卡一一对应答题，用铅笔涂黑等，不明之处及时提问。

（3）相信题目一定是对的，相信题目不会超出大纲和用书范围。

(4)依次回答各题，一时确实难以作答的题就跳过，继续答下面的题，不要在某些难题上花过多的时间，解决一个“山头”是一个“山头”，感觉会越来越轻松。

(5)对于那些特别棘手的问题，看看试卷内的其他某些题是否能够给你启示，是否可以推理一下、想像一下、猜测一下。

(6)案例题要充分应用专业技术、复习的知识点和答题技巧进行答题。

(7)试卷千万不要开“天窗”，尽可能猜一猜，或写一点内容。

(8)答完后，不要忘记回过头来重新考虑你最初没有确定答案的那些题。全部检查一下，找出你本来不应答错的地方。

(9)如无特别要紧的事情，尽量不要提前交卷。要是你交卷后突然又想起某个问题或发觉某个问题有错误，你会非常遗憾的。一次考试机会很难得，应该珍惜。

总之，深刻理解一级建造师考试大纲和考试用书中考试涉及范围和深度要求，掌握得当的复习方法，熟练、灵活应用各知识点内容，并掌握一定的应试技巧，相信应试者必定能取得好成绩，通过一级建造师的考试。❖

建造师执业资格考试选择题的答题技巧

◆钟　际

建造师执业资格考试中综合科目考试题型分为单项选择题和多项选择题，专业科目考试中单项选择题和多项选择题占总分的25%，因此，掌握单项选择题和多项选择题的答题技巧显得非常重要，在一定程度上可以说是建造师考试成败的关键。本文笔者从单项选择题和多项选择题的答题技巧谈一点体会。

一、单项选择题和多项选择题的类型

单项选择题和多项选择题的答题技巧的类型一般分为知识型题、理解型题和计算型题。

1. 知识型题

这种类型题比较简单，应考者只要记住关键知识点，一般都能作出正确选择。

【例1】项目在整个寿命周期内所发生的现金流入与现金流出的差额成为（　　）。

A. 现金流量　　B. 净现金流量

C. 现金存量　　D. 净现金存量

【答案分析】应考者只要知道净现金流量的概念，很快可以确定“B. 净现金流量”。

2. 分析理解型题

这种类型题有一定难度，是对不同知识点异同点或相关性、灵活性等内容的比较、分析，应考者需要经过一定的辨析，才能从中选择正确答案。

【例2】财务净现值与现值指数的共同之处在于（　　）。

A. 考虑了资金时间价值因素

B. 都以设定的折现率为计算基础

C. 都不能反映投资方案的实际投资报酬率

D. 都能反映投资方案的实际投资报酬率

E. 都可以对独立或互斥方案进行评价

【答案分析】应考者必须掌握财务净现值与现值指数两个知识点的概念和内容以及它们之间的相关性，才能完全正确回答这个题目。正确的答案是A、B、C。

3. 计算型题

这种类型题难度较大，通常要求应考者既要掌握方法，又要提高计算速度和准确性。应考者在复习时应注意考试用书上的计算公式、方法，特别是给出的例题，最好是自己推导或对例题做一遍答案，对于复杂、累赘的计算可一般理解。

【例3】某建设工程，当折现率 i_c=10%时，财务净现值 FNPV=200 万元；当折现率 i_c=12%时，财务净现值 FNPV=-100 万元，用内插公式法可求得内部收益率为（　　）。

A. 12%　　B. 10%　　C. 11.33%　　D. 11.67%

【答案分析】正确答案是“C. 11.33%”。

二、单项选择题和多项选择题的答题技巧

1. 单项选择题的答题技巧

单项选择题由1个题干和4个备选项组成，备选项中只有1个答案最符合题意，其余3个都是干扰项。如果选择正确，该题得1分；选择错误不得分。这部分考题大都是考试用书中的基本概念、原理和方法，题目较简单。应考者只要扎根考试用书复习，容易得高分。

单项选择题一般解题方法和答题技巧有以下几种方法：

（1）直接选择法，即直接选出正确项，如果应考者该考点比较熟悉，可采用此方法，以节约时间；

【例4】下列不属于21世纪人类环境所面对的挑战的是（　）。

A. 温室效应　　　　B. 土地严重沙化

C. 酸雨频繁土壤酸化　　D. 不明疾病增加

【答案分析】在考试用书1Z205011中明确列出了21世纪人类环境所面对的八大挑战，即森林面积锐减、土地严重沙化、自然灾害频繁、淡水资源日益枯竭、温室效应、臭氧层遭破坏、酸雨频繁土壤酸化、化学废物排量剧增。所以正确答案很明确是“D不明疾病增加”。另外，不明疾病增加应该不是环境问题，可以直接选择。

（2）间接选择法，即排除法。如正确答案不能直接马上看出，逐个排除不正确的干扰项，最后选出正确答案。

【例5】对于一个建设工程项目而言，下列（　）方的项目管理属于管理核心。

A. 业主　　　　B. 政府管理机关

C. 总承包方　　D. 设计方

【答案分析】题中“B政府管理机关”不会直接参与项目的管理，一般只起到监督管理和登记备案作用，所以B不正确；“C.总承包方”和“D.设计方”，他们项目管理虽然也服务于项目的整体利益，但主要服务于其自身的利益，所以C、D不正确；只有“A.业主”的项目管理是建设项目生产过程的总集成，是总组织者，是项目管理的核心，所以A是正确答案。对于一个建设工程来说，按不同参与方的工作性质和组织特征划分，项目管理有业主方、设计方、施工方、供货方和建设项目总承包方的项目管理（参见考试用书1Z201011有关内容）。

（3）感觉猜测法：通过排除法仍有2个或3个答案不能确定，甚至4个答案均不能排除，可以凭感觉随机猜测。一般来说，排除的答案越多，猜中的概率越高，千万不要空缺。

（4）比较法：命题者水平再高，有时为了凑答案，句子或用词不是那么专业化或显得又太专业化，通过对答案和题干进行研究、分析、比较可以找出一些陷阱，去除不合理备选项，从而再应用排除法或猜测法选定答案。

【例6】业主方可以委托（　）承担全部业主方项目管理的任务。

A. 施工总承包单位　　B. 设计总承包单位

C. 施工联合体　　　　D. 项目管理咨询公司

【答案分析】4个答案先进行比较，可以看到A、B、C、D 4个答案是从项目实施中的施工、设计和项目管理三个方面来判别谁可以承担全部业主方项目管理的任务，且比较A、C两个答案其意思是相近的，均强调是施工方，因此通过比较后，应用排除法可以去除A、C两个答案，B答案对照题意表达业主方项目管理显然是不正确的，所以只有D答案是正确的。

（5）逻辑推理法：采用逻辑推理的方法思考、判断和推理正确的答案。

【例7】风险管理的工作流程是（　）。

A. 风险辨识、风险分析、风险控制、风险转移

B. 风险分析、风险辨识、风险控制、风险转移

C. 风险辨识、风险分析、风险转移、风险控制

D. 风险分析、风险辨识、风险转移、风险控制

【答案分析】观察分析答案中只有辨识、分析、控制、转移4个词的顺序不同，我们按常理思考，对于一件未知、有风险的事情，我们总是先从观察识别入手，然后分析其可能会带来或造成的后果，尽可能地控制这种风险、避免这种风险的发生，最好找到彻底解决、降低风险的途径。从这样的逻辑关系入手，逐层推理，得出正确答案是A。

2. 多项选择题的答题技巧

多项选择题由1个题干和5个备选项组成，备选项中至少有2个正确最符合题意选项和1个干扰项，所选正确答案将是2个或3个或4个。如果应考者所选答案中有错误选项，该题得零分，不倒扣分；如果答案中没有错误选项，但正确选项未全数选出，则选择的每个选项得0.5分；如果答案中没有错误选项，并全数选出正确选项，则该题得2分。

多项选择题有一定难度，考试成绩的高低及考试科目是否通过，往往取决于多项选择题的得分。多项选择题每题的分值是单项选择题的2倍，1道多选题相当于2道单选题。所以应考者应抓紧时间，保证在考试时间内把所有的题目都做一遍，尽量把多选题做完。

多项选择题的解题方法也可采用直接选择法、排除法、比较法和逻辑推理法，但一定要慎用感觉猜测法。应考者做多项选择题时，要十分慎重，对正确选项有把握的，可以先选；对没有把握的选项最好不选，宁“缺”勿“滥”。在做题时，应注意多选题至少

建造师执业资格考试综合案例分析题的答题技巧

◆杨　智

一、综合案例分析题类型

综合案例分析题综合性较强，但一般深度较浅，考核的是概念、原理、程序、方法和相关法律、法规、规范、标准的具体综合应用。每一道案例分析题至少综合了2个以上的重点知识点内容。其目的是检验考生能否灵活运用所学知识和相关法规，解决建设工程中实际问题的能力。考题是在模拟场景和业务活动的背景材料基础上命题，提出若干个独立或有关联的问题。每个问题可以是论述题、计算题、综合分析题、简答题、判断并改错题、图表表达题。

1. 论述题

着重考核应考者分析组织资料能力、综合剖析的能力和表达能力，评价应考者的评价能力和理论水平。

2. 计算题

利用数学公式、图表和知识考点的内容，计算题目要求的数据或结果。

3. 综合分析题

根据知识点，考虑各专业知识在实际工作中的应用范围，采取模拟具有代表性的场景或业务活动考核应考者综合应用专业知识处理实际问题的管理能力、技术水平以及对相关法律法规和规范标准的掌握程度。

4. 简答题

这类简答题相对比较困难，也是应考者容易失

有2个正确答案，如果已经确定了2个（或以上）正确选项，则对只略有把握的选项，最好不选；如果已经确定的正确选项只有1个，则对略有把握的选项，可以选择。如果对每个选项的正误均无把握，可以使用感觉猜测法，至少可以随机猜选一个。总之，要根据自已对各选项把握的程度合理安排应答策略。

【例8】（考试大纲中样题二，多项选择题）：建设工程施工技术方案包括对建设工程（　　）的确定。

A. 施工方法　B. 工艺顺序　C. 施工流向
D. 施工时间　E. 施工工艺

【答案分析】本题初看比较难以选择，但可以先采用分析比较法，分析题干中明确的是建设工程施工技术方案，强调技术方案，“A. 施工方法”和“E. 施工工艺”肯定正确；再采用排除法排除与技术无关的备选项“D. 施工时间”和“C. 施工流向”，再采用逻辑推理法“B. 工艺顺序”应包含在“E. 施工工艺”中，从而选择“A. 施工方法”和“E. 施工工艺”作为最终的正确答案。

【例9】机械台班单价的组成内容包括（　　）。

A. 折旧费　B. 大修理费　C. 经常修理费
D. 安拆费及场外运输费　E. 施工机构迁移费

【答案分析】“A. 折旧费”、“B. 大修理费”和“C. 经常修理费”都是每种机械设备在使用过程中必定要发生的，所以单价组成一般应包括这三项费用消耗；“E. 施工机构迁移费”与机械台班单价没有直接关系，应排除；“D 安拆费及场外运输费”如有的应考者很难确定，建议考试时可以放弃，这样应考者至少可以得1.5分，除非有十分把握选择D。当然本题的正确答案为ABCD。

总之，在全面掌握建造师考试要求的知识点内容的基础上，熟练和综合应用直接选择法、间接选择法、感觉猜测法、比较法和逻辑推理法等多种解题方法，对于提高选择题的正确率是十分有帮助的。❖

分的地方。取决于考生对题意的把握和分析，对所掌握知识的理解和灵活应用，对答题要点的组织、归纳、分析和文字表达等。

5. **判断并改错题**

考核应考者对基本概念、基本原理、基本程序、基本方法以及相关法律、政策、法规掌握的清晰程度，以及对题目模拟具有代表性的场景或业务活动中内涵的因果关系、逻辑关系、法定关系、表达顺序等的综合判断分析能力，并进行准确明晰的修改。

6. **图表表达题**

这类问题一般出现在统计分析、进度网络、合同关系、组织结构关系、成本计算等题目中。

二、综合案例分析题解答的一般步骤

1. 审题、理解问题的含义和考核内容。对于题干比较长的考题，应考者往往非常紧张，怕花太长的时间审题导致来不及做答案，往往以较快的速度浏览题目，结果导致在做答案时又要花很长的时间反复浏览分析题目，并且不能真正确定命题者的考核要求，不能吃透模拟场景或业务活动背景材料中内涵的因果关系、逻辑关系、法定关系、表达顺序等内容，答题出现漏项、判断失误、答非所问等情况。因此，建议应考者至少仔细审两遍题目，第一遍审完后，仔细看一下要回答的问题；再在审第二遍时带着要求回答的问题审题，对重要的、关键地方可以用笔划一下作为提示，或给题干适当分段以达到真正理解题意和考核内容。

2. 分析背景材料中内涵的因果关系、逻辑关系、法定关系、表达顺序等各种关系和相关性。

3. 思考和确定解答该问题的若干重点以及可能运用的相关知识点。

4. 充分利用背景材料中的条件，运用所掌握的知识，分层次地解答问题。并千万注意问题的问法、问什么答什么。比如问你“某某事件是否正确？说明理由。并写出正确的做法”。你在答题时应首先回答“正确或不正确”，再回答“理由或原因”，最后把“正确的做法”写出来，答题要严谨，层次清晰，内容完整。有时“理由或原因”和“正确的做法”似乎看起来差不多，即使抄也要抄一遍，指明“对错、理由、正确做法”三个方面。

解答问题针对性要强、内容要完善、重点要突出、逐层分析、逐步表达、依据充分合理、结论明确，有分析过程的尽量写出分析过程，有计算要求的要写出计算过程，有相关的知识点联系内容的可以点缀一下，尤其是要注意与考试用书的内容紧密结合。

答案的评分标准一般以准确性、完整性、分析步骤、计算过程、关键问题的判别方法、概念原理的运用等为判别核心。标准一般按要点给分，只要答出要点基本含义一般给分，不恰当的错误语句语气和文字一般不扣分，要点分值最小一般为 0.5 分。

三、答题技巧分析

下面结合考试大纲中给出的“样题三——综合案例分析题”谈一下答题的思路和技巧，供大家参考。

【例】某工业厂房项目，桩基工程采用预制钢筋混凝土管桩，主体结构采用钢筋混凝土框架结构。业主通过招标选择了某监理单位。沉桩施工工程任务由业主单独发包。土建及机电安装工程由 A 施工单位承包，并在施工合同中明确机电安装工程由 A 施工单位通过招标另行发包。管桩由业主选定的供应单位负责运抵现场。

【问题】

1. 桩运抵施工现场，可否视为“甲供构件”？为什么？简要回答如何组织检查验收。

2. 如果现场检查出管桩不合格或管桩延期供货对正常施工进度造成影响，试指出可能会出现哪些主体间的索赔。

3. A 施工单位应何时对机电安装分包单位进行考核？考核的主要内容是什么？

4. 施工过程中 A 施工单位是否需要对机电安装工程的施工质量进行检查验收？为什么？

5. 整个工程竣工预验收由哪家单位提出申请？试述竣工预验收程序。

【考核的要点】工程承发包关系、合同责任关系、工程验收程序和组织、总包对分包单位资质审查要求等内容。

【答题思路】

首先，通过审题可以得出本题共涉及六家单位（业主、监理单位、沉桩施工单位、土建机电总包单位A、机电安装分包单位、管桩构件供应单位），应试者可以在草稿纸简单绘出各单位的合同关系图（图1）和组织管理关系图（图2）。

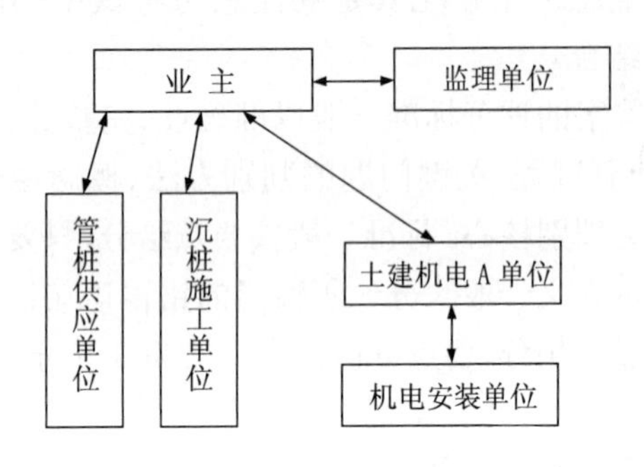

图1 合同关系图

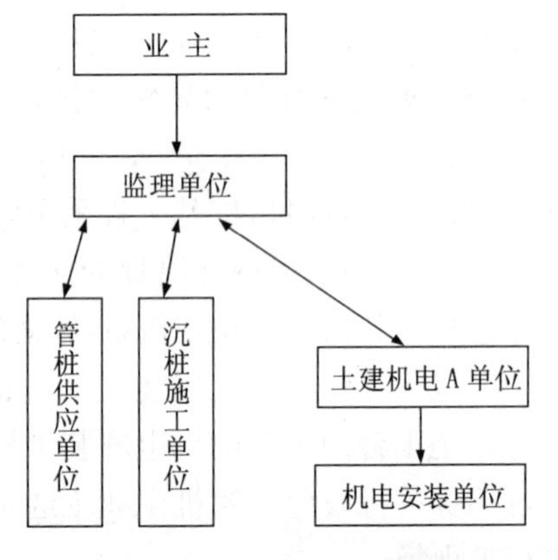

图2 组织管理关系图

其次，应试者分析搞清各单位的工作职责和各事件发生的因果责任关系，分析因合同关系发生的一连串责任索赔事件，分析因组织管理关系确定各单位的检查审核责任。

再者，应考者应确定本题主要是对建筑工程发包承包关系、各单位之间的合同责任关系、总包对分包单位资质审查、工程质量验收程序和组织、工程竣工预验收程序及组织等知识点进行考核，涉及《建筑法》、《建设工程质量管理条例》、《建筑工程施工质量验收统一标准》等法律、法规和工程技术标准知识点的内容。

最后，根据题目所问问题顺序依次完成答案。

【答题要点】

1.①可视为“甲供材料”。因业主负责选定管桩供应单位，沉桩施工单位与管桩供应单位没有合同关系。

【答案分析】这是一个分析论述题。从图1中可以看到，对沉桩单位来讲，管桩供应单位和沉桩单位没有直接的合同关系，预制混凝土管桩是由业主采购，由管桩供应单位负责运抵现场，沉桩单位与业主有直接的合同责任关系相互约束。因此，到场的材料可以视为“甲供材料”。

②应由沉桩施工单位负责组织验收，业主、管桩供应单位及监理单位参加，共同检查管桩质量、数量以及相关质量证明材料，符合要求后予以验收。

【答案分析】这是一个简答题。对于到场的材料，无论是“甲供”还是“乙供”，根据《建筑工程施工质量验收统一标准》3.0.2条第一款“建筑工程采用的主要材料、半成品、成品、建筑构配件、器具和设备应进行现场验收。凡涉及安全、功能的有关产品，应按各专业工程质量验收规范规定进行复验，并应经监理工程师（建设单位技术负责人）检查认可。”应由接受使用的沉桩单位首先负责组织验收，业主和管桩供应单位参加交接，符合要求后，由沉桩单位提交《工程材料／构配件／设备报验单》及相关证明材料，监理单位最终检查认可。

2.可能出现的主体间的索赔有：①沉桩施工单位与业主之间的索赔；②业主与管桩供应单位之间的索赔；③A施工单位与业主之间的索赔；④机电安装分包单位与A施工单位之间的索赔。

【答案分析】这是一个分析题。可以看到“如果现场检查出管桩不合格或管桩延期供货对正常施工进度造成影响”这一事件是由管桩供应单位的责任直接造成的，它除了影响沉桩单位的正常施工外，还会影响A施工单位正常施工进度，从而导致机电安装单位安装工作不能正常开展；同时，根据《建设工程质量管理条例》第十四条“按照合同约定，由建设单位采购建筑材料、建筑构配件和设备的，建设单位应当保证建筑材料、建筑构配件和设备符合设计文件和合同要求”的规定。对于沉桩单位来讲，这个责任由业主承担。根据图1的合同责任关系，首先由沉桩单位向业主索赔，再由业主向管桩供应单位索赔，A施工单位由于本身延期开工以及受影响的机电安装单位向其提出的索赔一并向业主提出索赔，因此可能发生以上4种索赔。

对于这类索赔事件的发生一般可以顺着合

同关系找到相应的责任方，是工期索赔还是费用索赔本题未涉及到，答题时千万注意问什么答什么，不要画蛇添足。许多题目还会提出具体的工期索赔和费用索赔的计算，应考者应注意区分具体的情况，判别索赔是否成立，工期、费用补偿的关系和数量等。

3.在机电安装工程招标阶段进行考核。考核的主要内容：

①相应的资质等级；

②满足工程需要的施工技术装备；

③合理的人员配置；

④完善的质保体系；

⑤良好的业绩和社会信誉。

【答案分析】这是一个简答题，比较简单。在考试中回答这种类似选择考察总分包队伍是否符合要求等考题时，均可以从单位（资质、制度、体系以及信誉、能力）、人员（上岗资格、数量和能力、类似经验）、设备（技术装备、数量、配置程度）、投标书或施工方案、法律法规符合性等方面来回答。有时也可从人、机、料、法、环五个因素去考虑。

4.是。因为A施工单位是总包单位，机电安装单位是分包单位，总包单位必须对机电安装分包工程施工质量向业主负责并承担连带责任，所以A施工单位必须对分包单位的施工质量进行检查验收。

【答案分析】根据《建筑法》第二十九条第二款"建筑工程总承包单位按照总承包合同的约定对建设单位负责；分包单位按照分包合同的约定对总承包单位负责。总承包单位和分包单位就分包工程对建设单位承担连带责任。"《建设工程质量管理条例》第二十七条"总承包单位依法将建设工程分包给其他单位的，分包单位应当按照分包合同的约定对其分包工程的质量向总承包单位负责，总承包单位与分包单位对分包工程的质量承担连带责任。"以及《建筑工程施工质量验收统一标准》第6.0.5条"单位工程有分包单位施工时，分包单位对所承包的工程项目应按本标准规定的程序检查评定，总包单位应派人参加。分包工程完成后，应将工程有关资料交总包单位"等内容，A施工单位必须对机电安装分包单位的施工质量进行检查验收。

5.提出申请单位：A施工单位。

预验收程序：当工程达到竣工验收条件后，A施工单位填写工程竣工报验单，并将全部竣工资料报送监理单位，申请竣工预验收。对监理单位提出的问题及时整改，合格后报监理单位，直至竣工资料及工程实体符合竣工要求。预验收合格后，A施工单位向业主提出正式竣工验收。

【答案分析】本题是一个简答题。根据图2工程组织结构图的关系，以及有关规范的条款及条款说明，单位工程施工完成后，施工单位应自行组织有关人员进行检查评定，满足要求后填写工程竣工报验单申请验收。监理单位应对竣工资料和各专业工程质量情况进行全面检查，对检查出的问题，应督促施工单位及时整改，直至竣工资料及工程实体符合竣工要求，由总监理工程师签署工程竣工报验单。建设单位收到施工单位提交的竣工申请报告和监理单位提交的质量评估报告后，组织施工、设计、监理等单位进行单位工程的正式竣工验收。

综上所述，考前复习中最难准备的科目是综合案例分析题。这部分内容比较灵活，没有通用的复习资料，不可能有与考试用书中完全相同的题目出现，因而复习比较困难，这是执业资格考试的一个显著特点。因此，对这部分内容的复习宜在充分掌握基本概念、原理、程序和方法的基础上，应围绕大纲，对每个知识点展开复习，千万不可"压题"，并适当练习一些比较典型的试题，这将有助于开拓解题思路，提高解题技巧。❖

房屋建筑工程专业复习浅析

◆阚咏梅

2004年全国一级建造师执业资格考试报名人员达到28.5万人左右，其中房屋建筑工程专业约14万人，而且参加考试的人员有相当一部分是年轻人，这进一步加剧考试的竞争，相应的也加大了考试的难度。

下面作为一名房屋建筑工程专业的编者，从建造师的理论体系上做一分析。建造师考试所涉及的内容，用一句很简单的话来形容就是：看过考试用书的同志知道，建造师的内容非常烦杂，涵盖面很广泛。在房建专业中，涵盖了建筑工程技术、房建项目管理与实务和房屋建筑工程法规及相关知识三部分内容。其中第一部分房建工程技术部分几乎包容了工民建专业的所有专业课和专业基础课，这部分内容在考试中主要以客观题的形式来考核。第二部分管理与实务部分，在考试用书中的编写完全是把知识点用案例来阐述，这种编写方式对大家来说是陌生的，目的是让大家能够适应考试题的案例题型，但没有系统的知识点的介绍，使内容看起来比较零散，不便于系统掌握。另外由于综合知识部分也包括项目管理的内容，尽管在编写时有分工，从大的方面讲不会重复，但涉及到一些具体内容时，仍难免有重复之处。由于管理本身有很多是非统一定论的东西，造成在有些具体内容上说法的差异，这也给考生的备考带来一定的难度。第三部分房建专业法规和相关知识，不仅包括了一些基本的法律条文，而且涉及了大量的房建工程技术标准，这部分内容，其专业性很强。

从考生专业来分析，对于工程类专业人员而言，第一部分内容比较轻松，基本内容是学校所学专业里面最基础的内容，此部分的分值应是必得部分，而备考时又不需花费太多的时间和精力，对于经济类专业人员第一部分内容则比较困难，真正掌握需要花费较大的精力，尤其是工程力学与工程结构部分。第二部分项目管理与实务部分在复习过程中，首先分析在考试中案例题的可能题型有几种，结合此部分内容，案例题的题型大致有如下几种。一是简答题，这是案例考试中必有的题型，尤其是质量和安全部分，对于此类题目，要有一定的记忆能力，并根据要点结合实际，用自己的语言加以阐述。二是计算题，对于计算题主要是进度控制、成本管理或合同中的索赔计算等等，对于计算题关键要掌握计算方法，对于成人来说，理解能力较强，而计算题无论怎样变化，方法是不会改变的，因此以不变应万变，掌握计算方法非常关键。另外注意计算步骤，此类题目应是考试中易得分的部分。如2004年度第二道案例题，就是成本管理中的挣值法重复应用。三是分析题，此类题目在问题中无明确提示，完全需要凭对基础知识的掌握和对案例背景的理解来回答，有一定的难度，不是很好把握，如合同管理中此类题目较多，2004年度考试题目中就有此类题目。四是客观题，2004年度考试没有，但主观题客观考也是主观题中的一种考法和思路，这类题目，往往可结合案例背景出一些是非题让考生加以判断，或做一些基本知识点的选择题目。五是画图题，如进度控制中的网络计划，这对考生来说有一定的难度，网络计划也是大家都感觉较难的内容。由于案例题的题型和内容灵活多变，因此是考生普遍认为没有把握的部分。通过2004年度的考试，大家也都有同感，因此对于此部分内容的复习，首先要归纳和总结学习要点，把每条

执业资格考试计算机网上阅卷特点

◆王雪青

网上阅卷是把多年来人工阅卷积累起来的丰富经验和现代高新技术相结合，以计算机网络技术和电子扫描技术为依托，以控制主观题（案例题）的评分误差，实现考试公平性原则为目的的一种新型阅卷方式。近年来，已经普遍应用到各种重要考试阅卷中。网上阅卷时，教师不是对考生的原始答卷直接评分，而是在计算机网络上对电子化了的考生答卷评分。建造师执业资格考试也将实行计算机网上阅卷。考生必须对网上阅卷有所认识，以避免出现答题技术上的丢分，影响考试成绩。

一、网上阅卷的基本流程

在印制试卷时，将试题与答卷分开，即试题部分不再给考生留作答空间，所有题的作答区域都印制在答题卡上。考生在答题时，客观题（单项选择题和多项选择题）在答题卡上相应位置涂黑，主观题（案例题）在答题卡的相应区域内作答。

下的案例所体现的知识点加以提炼，抓住每条下的主要内容，然后根据每一学习要点分析其可能有的变化，通过对基本要点和方法的掌握来应对考试中的变化。另外案例题目中也有结合施工技术及专业规范中实践性较强的内容。第三部分工程法规及相关知识部分，要注意法规规定的严谨性，对技术标准部分，则主要涉及了施工验收标准和规范的内容，尤其是标准中的强制性条文，此部分内容主要也是以客观题的形式来考核。

在编写和命题的过程中，主导思想主要是希望通过考试，考查考生的实际能力，希望在工作岗位上工作出色的人员能够顺利通过考试，因此在专业编写和命题过程中，尽可能与实际相结合，重视对理论的应用。在2004年度的考试中，第一道案例题中涉及了部分施工技术的内容，也是考查考生解决施工实际问题的能力。

纵观目前各类执业资格考试，其总的规律就是先易后难，由简单到复杂，这是由于前几次考试可出题目的面较广，书上所有的内容都可以作为考试范围，选择的余地比较大，因此一般会更多的把比较简单的概念性的知识点作为考题。这从2004年度的第一次考试题目就可看出。其次由于在资格转变过程中，国家对这类资格的人员需求比较迫切，人员的需要量比较大，尤其是对建造师而言，是企业保持资质必不可少的条件，因此有必要降低点难度，以便使较多的人员能够通过考试。随着几年以后通过的人员越来越多，国家对相关人员的需求减少，则考试的难度会越来越大。另外，由于建造师的考试用书不属于教材，各知识点的内容较少，出题受到限制，因此，教材扩容是极可能的，内容只能越来越多。各位考友应该借此机会，下大力气学习，通过努力，力争尽早通过考试。❖

阅卷过程因主观题和客观题不同，分为不同的阅卷阶段。

客观题的阅卷过程相对比较简单，阅卷时先用高速扫描仪或专用阅卷机快速扫描答题卡，然后由计算机自动对比标准答案给分。

主观题的阅卷则相对比较复杂，分为三个阶段：一是用高速扫描仪快速扫描答题卡；二是计算机根据阅卷要求按题目组合将答案切割成一个个图片，以批号流水号为索引给每个考生建立一系列文件存入服务器；三是服务器随机地将每个考生的答题图片自动分发给评阅相应题目的阅卷教师面前的终端计算机，阅卷教师根据评分标准进行评分并将结果输入计算机。

主观题每道题的阅卷是由两个或两个以上独立的教师完成的。当阅同一个考生同一道题的两个阅卷教师所给的分数差小于规定的误差值时，计算机自动取两人的平均分作为该考生这道题的最终得分；当两个阅卷教师所给的分数超出规定的误差值时，任务分发引擎自动将该考生该题的作答图片随机分发给第三个评阅此题的阅卷教师，第三个阅卷教师评阅完毕后，误差引擎再对这三个阅卷教师的分数进行两两比对，如果某两个阅卷教师的分数差小于规定的误差值，计算机自动求平均值确定分数，如果都大于规定的误差值，服务器则将该考生该题的作答图片自动分发给阅卷组长，阅卷组长既可以单独根据评分标准给分，也可以查阅前三个阅卷教师的评分结果，选择一个合理的分数作为最终分数。

考生的所有答题都评阅完毕之后，计算机自动合成每个考生的所有分数。

二、考生常犯的答题技术性错误

1. 考生用笔不当。用笔不当是考生答题最普遍、出现最多的问题。部分考生客观题（单项选择题和多项选择题）使用非2B铅笔填涂，主观题（案例题）使用铅笔和蓝色圆珠笔答题。

2. 考生填涂客观题经常出现的问题包括：填涂太淡，填涂错误后未将错误答案擦干净，墨水污染，漏填涂，填涂时用不规范的填涂方式等等。

3. 考生主观题答题超出界限或不在规定的位置答题。部分考生作答时，答题区域超出规定的答题区域，即黑色矩形边框外。须知，由于计算机扫描的是矩形边框内的内容，矩形边框外的内容阅卷老师在计算机上是看不到的。也有的考生不在规定的位置答题。如将第2题的答案紧接着第1题的答案书写，而没作答在第2题的指定答题位置；或将相邻或相近的题目答题位置颠倒。这种现象非常常见，特别是答题卡设计时相邻题目的答题空间一样时，更易发生。如2004年注册咨询工程师第五科《现代咨询方法与实务》在实行网上阅卷时，在54000份试卷中居然有2300份试卷答错位置。

二、网上阅卷考生应注意的问题

1. 考生必须在专用的答题卡上作答，答题前应认真阅读答题卡的注意事项，并按规定和要求进行答题。

2. 答题前，考生须在答题卡的规定区域内使用0.5毫米的黑色签字笔填写本人姓名和准考证号。严禁考生填（涂）缺考标记。

3. 注意答题用笔：答题卡上选择题部分答案必须使用正规的2B铅笔填（涂）作答；案例部分答案最好用0.5毫米黑色签字笔书写作答。书写时字迹要工整、清晰，不要写得太细长，字距适当，答题行距不宜过密，不得使用铅笔、红笔、蓝色圆珠笔等其他用笔书写。如题目要求作图的，可先用2B铅笔作草图后，再用0.5毫米黑色签字笔描黑，以保证扫描效果。

4．答题卡上答题区域（黑色矩形边框内）为每道题的答题范围，考生应严格按照答题卡所标记的题号顺序答题，并在该题号规定的答题区域答题，超出黑色矩形边框限定区域的答案无效。

5．答题时如需要对答案进行修改，可用修改符号将要修改的答案划去，新答案书写在划去答案的上方或下方，但也不能超出该题答题区域的黑色矩形边框。❖

关于印发《建造师执业资格制度暂行规定》的通知

人发[2002]111号

各省、自治区、直辖市人事厅（局）、建设厅（委），国务院各部委、各直属机构人事（干部）部门，中央管理的企业：

为了加强建设工程项目总承包与施工管理，保证工程质量和施工安全，根据《中华人民共和国建筑法》和《建设工程质量管理条例》的有关规定，人事部、建设部决定对建设工程项目总承包及施工管理的专业技术人员实行建造师执业资格制度。现将《建造师执业资格制度暂行规定》印发给你们，请遵照执行。

中华人民共和国人事部
中华人民共和国建设部
二〇〇二年十二月九日

建造师执业资格制度暂行规定

第一章 总则

第一条 为了加强建设工程项目管理，提高工程项目总承包及施工管理专业技术人员素质，规范施工管理行为，保证工程质量和施工安全，根据《中华人民共和国建筑法》、《建设工程质量管理条例》和国家有关职业资格证书制度的规定，制定本规定。

第二条 本规定适用于从事建设工程项目总承包、施工管理的专业技术人员。

第三条 国家对建设工程项目总承包和施工管理关键岗位的专业技术人员实行执业资格制度，纳入全国专业技术人员执业资格制度统一规划。

第四条 建造师分为一级建造师和二级建造师。英文分别译为：Constructor 和 Associate Constructor。

第五条 人事部、建设部共同负责国家建造师执业资格制度的实施工作。

第二章 考试

第六条 一级建造师执业资格实行统一大纲、统一命题、统一组织的考试制度，由人事部、建设部共同组织实施，原则上每年举行一次考试。

第七条 建设部负责编制一级建造师执业资格考试大纲和组织命题工作，统一规划建造师执业资格的培训等有关工作。

培训工作按照培训与考试分开、自愿参加的原则进行。

第八条 人事部负责审定一级建造师执业资格考试科目、考试大纲和考试试题，组织实施考务工作；会同建设部对考试考务工作进行检查、监督、指导和确定合格标准。

第九条 一级建造师执业资格考试，分综合知识与能力和专业知识与能力两个部分。其中，专业知识与能力部分的考试，按照建设工程的专业要求进行，具体专业划分由建设部另行规定。

第十条 凡遵守国家法律、法规，具备下列条件之一者，可以申请参加一级建造师执业资格考试：

（一）取得工程类或工程经济类大学专科学历，工作满6年，其中从事建设工程项目施工管理工作满4年。

（二）取得工程类或工程经济类大学本科学历，工作满4年，其中从事建设工程项目施工管理工作满3年。

（三）取得工程类或工程经济类双学士学位或研究生班毕业，工作满3年，其中从事建设工程项目施工管理工作满2年。

（四）取得工程类或工程经济类硕士学位，工作满2年，其中从事建设工程项目施工管理工作满1年。

（五）取得工程类或工程经济类博士学位，从事建设工程项目施工管理工作满1年。

第十一条 参加一级建造师执业资格考试合格，由各省、自治区、直辖市人事部门颁发人事部统一印制，人事部、建设部用印的《中华人民共和国一级建造师执业资格证书》。该证书在全国范围内有效。

第十二条 二级建造师执业资格实行全国统一大纲，各省、自治区、直辖市命题并组织考试的制度。

第十三条 建设部负责拟定二级建造师执业资格考试大纲，人事部负责审定考试大纲。

各省、自治区、直辖市人事厅（局），建设厅（委）按照国家确定的考试大纲和有关规定，在本地区组织实施二级建造师执业资格考试。

第十四条 凡遵纪守法并具备工程类或工程经济类中等专科以上学历并从事建设工程项目施工管理工作满2年，可报名参加二级建造师执业资格考试。

第十五条 二级建造师执业资格考试合格者，由省、自治区、直辖市人事部门颁发由人事部、建设部统一格式的《中华人民共和国二级建造师执业资格证书》。该证书在所在行政区域内有效。

第三章 注册

第十六条 取得建造师执业资格证书的人员，必须经过注册登记，方可以建造师名义执业。

第十七条 建设部或其授权的机构为一级建造师执业资格的注册管理机构。省、自治区、直辖市建设行政主管部门或其授权的机构为二级建造师执业资格的注册管理机构。

第十八条 申请注册的人员必须同时具备以下条件：

（一）取得建造师执业资格证书；

（二）无犯罪记录；

（三）身体健康，能坚持在建造师岗位上工作；

（四）经所在单位考核合格。

第十九条 一级建造师执业资格注册，由本人提出申请，由各省、自治区、直辖市建设行政主管部门或其授权的机构初审合格后，报建设部或其授权的机构注册。准予注册的申请人，由建设部或其授权的注册管理机构发放由建设部统一印制的《中华人民共和国一级建造师注册证》。

二级建造师执业资格的注册办法，由省、自治区、直辖市建设行政主管部门制定，颁发辖区内有效的《中华人民共和国二级建造师注册证》，并报建设部或其授权的注册管理机构备案。

第二十条 人事部和各级地方人事部门对建造师执业资格注册和使用情况有检查、监督的责任。

第二十一条 建造师执业资格注册有效期一般为3年，有效期满前3个月，持证者应到原注册管理机构办理再次注册手续。在注册有效期内，变更执业单位者，应当及时办理变更手续。

再次注册者，除应符合本规定第十八条规定外，还须提供接受继续教育的证明。

第二十二条 经注册的建造师有下列情况之一的，由原注册管理机构注销注册：

（一）不具有完全民事行为能力的。

（二）受刑事处罚的。

（三）因过错发生工程建设重大质量安全事故或有建筑市场违法违规行为的。

（四）脱离建设工程施工管理及其相关工作岗位连续2年（含2年）以上的。

（五）同时在2个及以上建筑业企业执业的。

（六）严重违反职业道德的。

第二十三条 建设部和省、自治区、直辖市建设行政主管部门应当定期公布建造师执业资格的注册和注销情况。

第四章 职责

第二十四条 建造师经注册后，有权以建造师名义担任建设工程项目施工的项目经理及从事其他施工活动的管理。

第二十五条 建造师在工作中，必须严格遵守法律、法规和行业管理的各项规定，恪守职业道德。

第二十六条 建造师的执业范围：

（一）担任建设工程项目施工的项目经理。

（二）从事其他施工活动的管理工作。

（三）法律、行政法规或国务院建设行政主管部门规定的其他业务。

第二十七条 一级建造师的执业技术能力：

（一）具有一定的工程技术、工程管理理论和相关经济理论水平，并具有丰富的施工管理专业知识。

（二）能够熟练掌握和运用与施工管理业务相关的法律、法规、工程建设强制性标准和行业管理的各项规定。

（三）具有丰富的施工管理实践经验和资历，有较强的施工组织能力，能保证工程质量和安全生产。

（四）有一定的外语水平。 （下接P60内容）

关于印发《建造师执业资格考试实施办法》和《建造师执业资格考核认定办法》的通知

国人部发[2004]16号

各省、自治区、直辖市人事厅（局）、建设厅（建委、规委），国务院各部委、各直属机构人事部门，中央管理的有关企业：

现将《建造师执业资格考试实施办法》和《建造师执业资格考核认定办法》印发给你们，请遵照执行。

附件：1. 专业对照表

2. 建造师执业资格考核认定申报表

3. 一级建造师执业资格认定工作领导小组成员名单

中华人民共和国人事部

中华人民共和国建设部

二〇〇四年二月十九日

建造师执业资格考试实施办法

第一条 根据《建造师执业资格制度暂行规定》（人发[2002]111号，以下简称《暂行规定》），为做好建造师执业资格考试工作，制定本办法。

第二条 建设部组织成立建造师执业资格考试专家委员会，负责一级、二级建造师执业资格考试大纲的拟定和一级建造师考试的命题工作。建设部、人事部共同成立建造师执业资格考试办公室（办公室设在建设部），负责研究建造师执业资格考试相关政策。一级建造师执业资格考试的具体考务工作由人事部人事考试中心负责。

各地考试工作由当地人事行政部门会同建设行政部门组织实施，具体职责分工由各地协商确定。

第三条 一级建造师执业资格考试时间定于每年的第三季度。

第四条 一级建造师执业资格考试设《建设工程经济》、《建设工程法规及相关知识》、《建设工程项目管理》和《专业工程管理与实务》4个科目。《专业工程管理与实务》科目分为：房屋建筑、公路、铁路、民航机场、港口与航道、水利水电、电力、矿山、冶炼、石油化工、市政公用、通信与广电、机电安装和装饰装修14个专业类别，考生在报名时可根据实际工作需要选择其一。

第五条 一级建造师执业资格考试分4个半天，以纸笔作答方式进行。《建设工程经济》科目的考试时间为2小时，《建设工程法规及相关知识》和《建设工程项目管理》科目的考试时间均为3小时，《专业工程管理与实务》科目的考试时间为4小时。

第六条 二级建造师执业资格考试设《建设工程施工管理》、《建设工程法规及相关知识》、《专业工程管理与实务》3个科目。

按照《暂行规定》有关要求，各省、自治区、直辖市人事厅（局）、建设厅（委），根据全国统一的二级建造师执业资格考试大纲，负责本地区考试命题和组织实施考试工作，人事部、建设部负责指导和监督。

第七条 符合《暂行规定》有关报名条件，于2003年12月31日前，取得建设部颁发的《建筑业企业一级项目经理资质证书》，并符合下列条件之一的人员，可免试《建设工程经济》和《建设工程项目管理》2个科目，只参加《建设工程法规及相关知识》和《专业工程管理与实务》2个科目的考试：

（一）受聘担任工程或工程经济类高级专业技术职务。

（二）具有工程类或工程经济类大学专科以上学历并从事建设项目施工管理工作满20年。

第八条 已取得一级建造师执业资格证书的人员，也可根据实际工作需要，选择《专业工程管理与实务》科目的相应专业，报名参加考试。考试合格后核发国家统一印制的相应专业合格证明。该证明作为注册时增加执业专业类别的依据。

第九条 考试成绩实行2年为一个周期的滚动管理办法，参加全部4个科目考试的人员必须在连续的两个考试年度内通过全部科目；免试部分科目的人员必须在一个考试年度内通过应试科目。

第十条 一级建造师执业资格考试的考点设在地级以上城市的大、中专院校或高考定点学校。

第十一条 参加考试由本人提出申请，携带所在单位出具的有关证明及相关材料到当地考试管理机构报名。考试管理机构按规定程序和报名条件审查合格后，发给准考证。考生凭准考证在指定的时间、地点参加考试。

中央管理的企业和国务院各部门及其所属单位的人员按属地原则报名参加考试。

第十二条 建造师执业资格考试大纲由建设部组织编制、出版和发行。任何单位和个人不得盗用建设部或以参与有关建造师工作的专家和人员的名义编写、出版、发行各种考试用书和复习资料。

第十三条 坚持考试与培训分开、应考人员自愿参加培训的原则。凡参与考试工作的人员，不得参加考试和与考试有关的培训工作。

第十四条 一级建造师执业资格考试、培训及有关项目的收费标准，须经当地价格行政部门批准，并公布于众，接受群众监督。

第十五条 考务管理工作要严格执行考试工作的有关规章和制度，遵守保密制度，严防泄密，切实做好试卷的命制、印刷、发送和保管过程中的保密工作。

第十六条 加强对考试工作的组织管理，认真执行考试回避制度，严肃考试工作纪律和考场纪律。对弄虚作假等违反考试工作规定的，要依法处理，并追究当事人和有关领导的责任。

建造师执业资格考核认定办法

根据人事部、建设部《建造师执业资格制度暂行规定》(人发[2002]111号)，制定本办法。

一、考核认定申报条件

长期从事建设工程总承包及施工管理工作，业绩突出，无工程质量责任事故，职业道德行为良好，身体健康，并符合下列条件的在职在编人员。

（一）一级建造师：受聘为工程或工程经济类高级专业技术职务，取得全国工程总承包项目经理岗位培训证书或建筑业企业一级项目经理资质证书，现担任工程总承包或施工项目经理，并同时具备下列条件1和条件2中的各一项条件。

1.学历和职业年限：

（1）取得本专业（见附件1，下同）中专学历，累计从事建设工程项目管理或施工管理工作满25年；或取得相近专业（见附件1，下同）中专学历，累计从事建设工程项目管理或施工管理工作满28年。

（2）取得本专业大学专科学历，累计从事建设工程项目管理或施工管理工作满20年；或取得相近专业大学专科学历，累计从事建设工程项目管理或施工管理工作满23年。

（3）取得本专业大学本科学历，累计从事建设工程项目管理或施工管理工作满15年；或取得相近专业大学本科学历，累计从事建设工程项目管理或施工管理工作满18年；或取得其他专业（见附件1）大学本科及以上学历或学位，累计从事建设工程项目管理或施工管理工作满20年。

2.业绩：

（1）主持完成大型工程总承包1项或大型工程施工总承包2项及以上。

（2）主持完成大型工程施工总承包1项和大型工程施工承包2项及以上。

（3）主持完成大型工程施工承包4项及以上。

（4）已发布实施的国家或行业工程建设标准的主要技术负责人。

（二）二级建造师执业资格有关考核认定工作，由各省、自治区、直辖市人事和建设行政部门制定具体办法并组织实施，考核认定办法和考核认定结果报人事部、建设部备案。

二、一级建造师考核认定申报材料

（一）各省、自治区、直辖市和国务院有关部门、中央管理企业的人事部门推荐意见函。

（二）《建造师执业资格考核认定申报表》一式两份。

（三）学历或学位证书、工程或工程经济类高级专业技术职务证书、全国工程总承包岗位培训合格证书或一级项目经理资质证书和已发布实施的国家或行业工程建设标准主要技术负责人证明的复印件。

（四）所在单位出具的职业道德证明、省级建设行政部门认可的建设工程业绩、项目经理证明。

三、考核认定组织

人事部、建设部共同成立"一级建造师执业资格考核认定工作领导小组"（以下简称领导小组，名单见附件3），负责一级建造师执业资格的考核认定工作。领导小组办公室设在建设部。

四、考核认定程序

（一）符合考核认定条件的专业技术人员，向所在单位提出申请，经单位审核同意后，由所在单位向单位工商注册所在地的省、自治区、直辖市建设行政部门推荐。

国务院有关部门管理的企业，由本部门工程业务管理单位推荐；中央管理的企业，由本企业工程业务管理部门推荐；军队所属单位由总后基建营房部推荐。

（二）各省、自治区、直辖市建设行政部门和国务院有关部门，对本地区、本部门的申报人员进行审核，经本地区、本部门人事行政部门复核后，提出推荐名单送领导小组办公室。

中央管理的企业专业技术人员的申报，由中央管理的企业工程业务管理部门审核，经同级人事部门复核后提出推荐名单送领导小组办公室。

总后基建营房部对军队系统申报人员材料进行审核，经总政干部部复核后提出推荐名单送领导小组办公室。

地方所属或中央管理企业在申报中涉及铁路、交通、水利、通信和民航专业的业绩材料，应由省级建设行政部门或建设部会同同级相应专业行政部门，提出审核意见。

（三）领导小组办公室组织有关专家对各地区、各有关部门、中央管理的企业和军队推荐人员的材料进行初审提出拟认定人员的名单，报领导小组审核。

（四）领导小组召开会议，对经初审合格人员的材料进行审核。对领导小组审核合格的人员，经公示无异议后，报人事部、建设部批准，并向社会公布。

五、申报时间及要求

（一）各省、自治区、直辖市建设行政部门和人事行政部门，国务院有关部门工程业务管理和人事部门，总后基建营房部和总政干部部，中央管理企业工程业务管理和人事部门，应于2004年4月30日前，将推荐人员材料汇总排序后送领导小组办公室。

（二）国家对考核认定人员实行总量控制。各地、各有关部门、军队及中央管理的企业应推荐具备申报条件且在第一线从事总承包和施工管理工作的专业技术人员。实施考试后不再进行认定工作。

（三）各地区、各有关部门、军队和中央管理的企业在审核、复核工作中，须核查各类证书及相关证明材料的原件。向领导小组办公室报送的各类证书、业绩材料及相关证明材料的复印件，应由所在单位业务技术部门和人事部门负责人对其真实性签署意见并加盖单位印章。

（四）已通过特许或考核认定的方式取得其他专业执业资格证书和在公务员岗位工作的人员，一律不得申报。

（五）各地区、各有关部门、军队和中央管理的企业要切实加强领导，坚持标准，严格要求，认真按程序做好申报、审核、复核等各环节工作。凡不认真把关或弄虚作假的，一经发现，停止其申报权和取消个人申报资格，并追究当事人和领导责任。❖

关于印发《建造师执业资格考核认定实施细则》的通知

建市函[2004]56号

各省、自治区建设厅、直辖市建委，国务院有关部门，总后营房部，新疆生产建设兵团，中央管理的有关企业，有关行业协会：

现将《建造师执业资格考核认定实施细则》印发给你们，请遵照执行。实施过程中如有问题，请与我部建筑市场管理司联系。

中华人民共和国建设部

二○○四年三月一日

建造师执业资格考核认定实施细则

根据人事部、建设部《关于印发〈建造师执业资格考试实施办法〉和〈建造师执业资格考核认定办法〉的通知》（国人部发[2004]16号）要求，制定本实施细则（以下简称《细则》）。

一、申　报

按照《建造师执业资格考核认定办法》规定，由申请人向所在单位（以下称申报人）提出申请，经申报人审查同意后统一组织上报。

（一）有关问题的说明

1. 在职在编人员是指在建筑业企业或者勘察设计企业工作，并有正式聘用手续的未退休人员。

2. 高级专业技术职务是指经过国家人事部认可

（上接P56内容）

第二十八条　二级建造师的执业技术能力：

（一）了解工程建设的法律、法规、工程建设强制性标准及有关行业管理的规定。

（二）具有一定的施工管理专业知识。

（三）具有一定的施工管理实践经验和资历，有一定的施工组织能力，能保证工程质量和安全生产。

第二十九条　按照建设部颁布的《建筑业企业资质等级标准》，一级建造师可以担任特级、一级建筑业企业资质的建设工程项目施工的项目经理；二级建造师可以担任二级及以下建筑业企业资质的建设工程项目施工的项目经理。

第三十条　建造师必须接受继续教育，更新知识，不断提高业务水平。

第五章　附则

第三十一条　国家在实施一级建造师执业资格考试之前，对长期在建设工程项目总承包及施工管理岗位上工作，具有较高理论水平与丰富实践经验，并受聘高级专业技术职务的人员，可通过考核认定办法取得建造师执业资格证书。考核认定办法由人事部、建设部另行制定。

第三十二条　建造师的专业划分、建设工程项目施工管理关键岗位的确定和具体执业要求由建设部另行规定。

第三十三条　二级建造师执业资格的管理，由省、自治区、直辖市人事部门、建设行政主管部门根据国家有关规定，制定具体办法，组织实施，并分别报人事部、建设部备案。

第三十四条　经国务院有关部门同意，获准在中华人民共和国境内从事建设工程项目施工管理的外籍及港、澳、台地区的专业人员，符合本规定要求的，也可报名参加建造师执业资格考试以及申请注册。

第三十五条　本规定由人事部和建设部按职责分工负责解释。

第三十六条　本规定自发布之日30日后施行。❖

的具有评审资格的单位评审或评聘的高级专业技术职务。

3. 建筑施工企业项目经理资质证书是指按照《建筑施工企业项目经理资质管理办法》(建建〔1995〕1号)规定，由建设部建筑市场管理司(原建筑业司或建筑管理司)颁发的证书；全国工程总承包项目经理岗位培训证书是指由建设部原勘察设计司和人事教育司共同用印，或建设部人事教育司用印的证书。

4. 申报专业是指《关于建造师专业划分有关问题的通知》(建市〔2003〕232号)规定的14个建造师专业。申请人根据本人工程业绩情况选择其中某一个专业进行申报。

5. 学历或学位是指国家教育行政主管部门承认的学历或学位。

6. 大型工程是指符合本《细则》“各专业大型工程标准一览表”中列明的工程。

7. 工程总承包是指受发包商的委托，按照合同约定对工程项目的“设计、采购、施工、试运行（竣工验收）”等全过程实施管理，或至少应包含“设计、施工”两个阶段实施管理。

8. 施工总承包是指按照合同约定，独立完成工程项目主体工程和相关配套工程施工管理工作。

9. 施工承包是指按照合同约定，独立完成工程项目主体工程或有关专业工程施工管理工作。

（二）申报材料编制要求

申报材料包括《建造师执业资格考核认定申报表》（以下简称《申报表》）一式两份，《建造师执业资格考核认定证明材料》（以下简称《证明材料》）一式一份。

1. 申请人须在《申报表》封面“申请人姓名”一栏中用蓝色或黑色钢笔或签字笔签名。

2. 申请人应当提供《证明材料》原件和复印件，《证明材料》包括如下内容：

（1）身份证或军官证；

（2）学历或学位证书；

（3）工程或工程经济类高级专业技术职务证书；

（4）建筑施工企业项目经理资质证书或全国工程总承包项目经理岗位培训证书；

（5）担任所申报工程项目经理的任职文件；

（6）承包合同中反映工程概况、规模、开竣工时间、合同双方用印和签字的页面；

（7）工程竣工验收文件；

（8） 如果报送国家或行业工程建设标准的，需提供该标准的封面、目录和有编制人员名单的页面。

申请人对申报材料的真实性负责。

3. 工程业绩按合同考核，不同专业业绩可以累计。当工程业绩涉及两个或两个以上工程专业类别时，与所申报建造师专业相对应的工程项目数量应占考核业绩标准的二分之一及以上。每项工程业绩仅限一人使用，且使用人必须是该工程项目的项目经理。

每项国家或行业工程建设标准业绩仅限一人使用。

4.《证明材料》复印件需按统一格式用A4纸装订成册。

（三）申报材料上报

建筑业企业建造师执业资格考核认定申报材料，须以书面文件和在“中国建造师网”（网址：www.coc.gov.cn）上同时报送。

申请人通过“中国建造师网”的“建造师考核认定系统”软件填写《申报表》，并打印出书面的《申报表》，经签名后连同《证明材料》原件和复印件报送申报人审查。申报人在审查书面材料的同时，通过申报人的企业资质管理系统身份认证锁进入到“建造师考核认定系统”中，对申请人的申报材料进行网上审查，签署意见后，直接进入省级建设行政主管部门审批程序。

申报人按建筑业企业资质申报程序，将申报材料的原件和复印件统一直接上报到省级建设行政主管部门、国务院有关专业部门、总后营房部、中央管理的企业。

省级建设行政主管部门、国务院有关专业部门、总后营房部、中央管理的企业在审核书面材料的同时，需通过建筑业企业资质管理系统身份认证锁进入到“建造师考核认定系统”，对申请人的申报材料进行审核，签署意见，并将人事部门的书面复核意见代为填入该系统后上报。

《建造师考核认定系统使用说明书》登在“中国建造师网”上，可以免费下载。

二、审　核

（一）申报人审查

业务技术部门和人事部门负责严格审查《证明材料》的原件是否属实，是否与复印件一致，经核查无误后，由其负责人在所核实的《证明材料》复印件上签署意见，并加盖单位印章。

申报人对申请人的申报材料进行审查，在《申报表》的"单位推荐意见"栏中填写推荐意见，并由单位负责人签字，加盖单位印章。

申报人应当按照申请人的资历和业绩进行排序，填写《建造师执业资格考核认定申报人员汇总表》，并按申报专业分别填写《建造师执业资格考核认定申报人员明细表》。

（二）主管部门审核

省级建设行政主管部门，国务院铁道、交通、水利、信息产业、民航等部门的工程管理部门，总后营房部，中央管理的企业工程业务管理部门（上述单位以下简称审核部门），负责对所属单位申请人的材料进行审核。主要审核以下内容：

1.《申报表》所填写内容是否符合要求；

2.《证明材料》复印件与原件是否一致；

3.申报材料是否完整；

4.资历和业绩是否符合考核认定标准。

审核确认后，审核部门应在《申报表》"省、自治区、直辖市建设行政主管部门，国务院有关专业部门，总后基建营房部，中央管理的企业工程业务管理部门审核意见"栏中签署意见，并加盖印章。

地方所属单位涉及交通、水利和通信等专业的业绩材料，由省级建设行政主管部门会同同级相关专业行政部门审核；国务院有关专业部门、总后营房部和中央管理的企业所属单位涉及铁道、交通、水利、通信和民航等专业的业绩材料，由建设部会同有关专业部门审核。审核后在《申报表》"省、自治区、直辖市建设部门与有关专业部门对申报相关专业业绩材料审核意见或建设部会同有关专业主管部门对申报相关专业业绩材料审核意见"栏中签署意见，并加盖印章。

（三）人事部门复核

省级人民政府人事部门，国务院铁道、交通、水利、信息产业和民航等有关部门人事部门，总政干部部，中央管理的企业人事部门（上述单位以下简称复核部门），负责对所属单位申请人的材料进行复核。主要复核以下内容：

1.学历或学位证书原件及复印件；

2.高级专业技术职务证书原件及复印件；

3.是否通过特许或考核认定的方式取得其他执业资格情况。

复核确认后，复核部门应在《申报表》"省、自治区、直辖市人事行政部门，国务院有关专业部门的人事司，总政干部部，中央管理的企业人事管理部门复核意见"栏中签署意见，并加盖印章。

（四）汇总

审核部门负责申报材料的汇总上报工作，由复核部门出具"建造师执业资格考核认定人员推荐意见函"。

1.审核部门汇总编制《建造师执业资格考核认定申报人员汇总表》（附件3），按申报专业分别汇总编制《建造师执业资格考核认定申报人员明细表》（附件4）。

2.向一级建造师执业资格考核认定工作领导小组办公室报送的申报材料包括：

（1）建造师执业资格考核认定人员推荐意见函；

（2）建造师执业资格考核认定申报人员汇总表；

（3）建造师执业资格考核认定申报人员明细表；

（4）《申报表》（一式两份）；

（5）《证明材料》复印件（一式一份）。

三、考核认定

（一）组织机构

人事部、建设部组成"一级建造师执业资格考核认定工作领导小组"，负责一级建造师执业资格考核认定工作。领导小组下设办公室（以下简称办公室），办公室设在建设部建筑市场管理司。

办公室负责以下主要工作：

1.接收、汇总各地方、各部门申报材料；

2.组织考核认定初审工作；

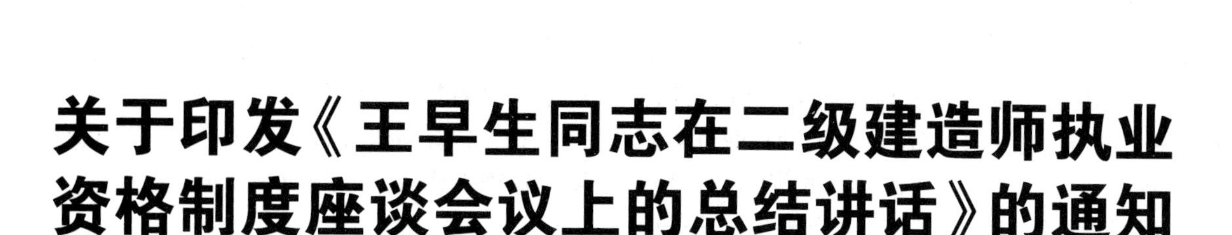

关于印发《王早生同志在二级建造师执业资格制度座谈会议上的总结讲话》的通知

建办市函[2005]147号

各省、自治区建设厅，直辖市建委，江苏、山东建管局：

2005年7月15日，我司在杭州市组织召开了二级建造师执业资格制度座谈会。现将《王早生同志在二级建造师执业资格制度座谈会议上的总结讲话》印发给你们，请结合会议研究的指导性意见和各地实际情况参照执行。工作中有何问题请及时与我司建设咨询监理处联系。

建设部建筑市场管理司

二〇〇五年七月二十五日

王早生同志在二级建造师执业资格座谈会上的总结讲话

（二〇〇五年七月二十五日）

同志们：

这次会议，大家非常重视，经过认真讨论，达到了预期目的。下面我就这次会议作一简要小结，以便大家下一步开展工作。

一、目的和背景

我们这次在杭州邀请各省、自治区、直辖市建设

---

3. 提出考核认定初审合格人员名单；

4. 建造师考核认定日常事务工作。

（二）程序

1. 材料接收。办公室负责接收、整理、汇总申报材料，并对《证明材料》复印件进行审查。

2. 初审。办公室组织专家对申报材料进行初审，将专家审查意见整理、汇总，形成初审意见，在《申报表》“考核认定领导小组办公室审核意见” 栏中签署意见，并将“建造师执业资格考核认定初审合格人员名单”报领导小组审定。

3. 公示。将“建造师执业资格考核认定初审合格人员名单”在“中国建造师网”上予以公示，接受社会监督，公示时间为15天。

4. 审定。领导小组负责对初审合格人员的材料进行审定，在《申报表》“考核认定领导小组审定意见”栏中签署意见，确定“建造师执业资格考核认定合格人员名单”。

5. 批准与公告。领导小组将“建造师执业资格考核认定合格人员名单”报人事部、建设部审批。经批准后予以公告。

四、其　他

各地区、各部门将申报材料于2004年4月30日前报办公室。

本《细则》适用于一级建造师执业资格考核认定工作。二级建造师执业资格（不含铁路工程、民航机场工程、港口与航道工程等专业）考核认定工作，由省、自治区、直辖市建设行政主管部门会同人事部门参照一级建造师执业资格考核认定有关规定制定实施办法，并报人事部、建设部备案。

本《细则》由建设部建筑市场管理司负责解释。❖

行政主管部门和我部执业资格注册中心的同志就二级建造师执业资格制度建设问题进行座谈，目的是为拟选用全国统一试题库的地方研究一些共性问题。按照人事部、建设部颁布的《建造师执业资格制度暂行规定》（人发[2002]111号）的规定，二级建造师管理权限在地方，建造师考试命题和考试也由地方自行组织。但考虑到减轻各地组织命题的压力，避免重复性工作，同时也考虑到建筑业流动性特点，统一二级建造师标准是适应行业流动性特点的前提，而使用全国统一的考试试题库是保证标准统一的基础。为此，我们商人事部同意，于今年3月25日印发了《关于征求二级建造师考试命题方式意见的函》（建办市函[2005]147号），征求各地对二级建造师考试命题方式的意见。各省级建设行政主管部门与同级人事行政主管部门进行了沟通协商，全国有20多个省、自治区、直辖市书面复函表示：愿意使用“由建设部提供二级建造师执业资格考试试题库，各省、自治区、直辖市在规定时间内使用题库中的试题自行组织考试。”为了更好地为各地二级建造师考试提供服务和指导性参考意见，我部于6月23日向有关省级建设主管部门印发了《关于推荐使用二级建造师执业资格考试题库有关事项的通知》（建办市[2005]57号），明确了选用题库试题进行考试的一些问题。但是，我要特别强调的是：二级建造师管理权限，包括命题、考试、注册、执业等职责在地方，我们不予干预，我们提供的试题库仅仅是服务性质的，各地是否采用，完全由各地自行决定。

二、会议达成的共识

这次会议涉及二级建造师执业资格制度建设若干问题，大家对下述共同关心的问题进行了充分讨论，达成共识。各地可以根据本地实际情况参照执行。

1.采用统一试卷的考试科目及时间安排。《建设工程施工管理》的考试时间定于2005年11月19日9点至12点举行；《建设工程法规及相关知识》的考试时间定于19日15点至17点举行；《专业工程管理与实务》考试时间定于20日9点至12点举行。

2.免考条件及免考科目。为体现项目经理向建造师过渡的精神，对取得建筑施工二级项目经理资质及以上证书，符合报名条件并满足下列条件之一可以考虑免考相应科目：

（1）具有中级及以上技术职称，从事建设项目施工管理工作满15年，可免《建设工程施工管理》考试。

（2）取得一级项目经理资质证书，并具有中级及以上技术职称；或取得一级项目经理资质证书，从事建设项目施工管理工作满15年，可免《建设工程施工管理》和《建设工程法规及相关知识》考试。

（3）已取得某一个专业二级建造师执业资格的人员，可根据工作实际需要，选择另一个《专业工程管理与实务》科目的考试。考试合格后核发相应专业合格证明。该证明作为注册时增加执业专业类别的依据。

3.学历专业问题。工程或工程经济类大专、中专的学历可参照国人部发［2004]16号的专业对照表执行，不在本科专业目录中的其他专业可与人事部门协商确定。

4.滚动问题。参加全部3个科目考试的人员必须在连续两个考试年度内通过全部科目；免考部分科目的人员必须在一个考试年度内通过应考科目。

5.证书管理。《中华人民共和国二级建造师执业资格证书》格式由各地建设行政主管部门会同人事行政主管部门协商确定，《中华人民共和国二级建造师执业资格注册证书》由建设部统一格式，地方自行印制并发放。

6.职责分工。各地二级建造师考试工作，由各地建设行政主管部门和人事行政主管部门组织实施，具体职责分工由各地协商确定。

7.考试试题库及合格分数线。建设部负责组织专家建立二级建造师考试试题库，制定标准答案并提供合格线参考标准。

8.阅卷方式。《建设工程施工管理》、《建设工程法规及相关知识》采用机读方式阅卷，《专业工程管理与实务》的客观题采用机读方式阅卷，主观题采用人工方式阅卷。各地根据统一标准答案自行组织实施阅卷工作。

9.考试费用立项申请。各地可参考《国家发展改革委、财政部关于注册建造师执业资格考试收费标准及有关问题的通知》(发改价格[2004]2389号),申请二级建造师执业资格考试收费立项。

10.试卷供求及费用支付。建设部委托江苏省建筑工程管理局负责二级建造师首次考试试题库建设的相关服务工作并预先垫支有关费用。选用全国统一的二级建造师考试试题库的省、自治区、直辖市应在2005年9月30日之前与江苏省建筑工程管理局签订试卷需求数量、试卷发送、费用支付等有关协议。

11.近期工作。各地省级建设行政主管部门应尽快商人事行政主管部门制定颁布二级建造师考试实施办法、考务文件、报名通知及明确双方职责分工及费用分担比例。

三、各方职责分工

2005年度二级建造师执业资格考试命题工作由我司牵头协调,我部执业资格注册中心负责命题工作的技术指导,江苏省建筑工程管理局承担组织管理工作及与有关省的合作;选用全国推荐试题的省级建设行政主管部门(人事部门)或其共同委托的机构与江苏省建筑工程管理局签订考试试卷使用协议并组织实施本地考试工作。具体工作职责分工如下:

1.建设部建筑市场管理司负责牵头协调研究相关政策,负责组织专家命题,协调各方关系,负责审定二级建造师统一试卷。对二级建造师考试工作进行检查、监督、指导,管理二级建造师题库。提供各科目考试合格线参考标准。

2.建设部执业资格注册中心受建设部建筑市场管理司委托,对二级建造师统一命题工作做具体技术指导:负责编制命题工作规程和命题技术手册,负责组织编制双向细目表和题卡,负责对专家进行命题技术培训,指导专家按命题规程进行试命题、命题、初审、组卷、终审及终校。二级建造师题库由注册中心保管。

3.江苏省建筑工程管理局在建设部建筑市场管理司指导下,承担2005年度二级建造师统一试卷成卷的相关服务工作。负责相关会议、会务的承办工作,负责与各省协商确定考试试卷的印刷与传送方式,负责与考试命题、试卷成卷、试卷运送、试卷保密等有关工作的全部费用的垫支并与各省签订考试试卷使用协议。负责保管2005年度二级建造师试卷,负责向建设部建筑市场管理司提供有关命题、印刷等各项费用支出清单,以成本支出和不营利为基础,按各省选用试卷份数确定费用分担比例。

4.各省、自治区、直辖市建设主管厅(局)负责协调本地人事主管部门,落实2005年度二级建造师执业资格考试的收费立项、报名、考务、考试、阅卷等相关工作,负责考试成绩统计分析并在建设部提供的参考合格线的基础上确定合格分数线;负责印发考试合格人员通知书;与江苏省建筑工程管理局签订考试试卷使用协议,负责考试试卷的接收,负责2005年度二级建造师考试试卷保密工作。

四、工作进度安排

1.2005年8月10日之前,各地省级建设行政主管部门商人事行政主管部门明确组织二级建造师执业资格考试职责分工;

2.2005年8月20日之前,各地应完成二级建造师执业资格考试收费立项申请工作,并制定印发《二级建造师执业资格考试实施办法》;

3.2005年8月25日之前,各地应公布《2005年度二级建造师考试报名通知》并开始组织报名工作;

4.2005年9月20日之前,各地应完成2005年度二级建造师考试报名的汇总工作;

5.2005年9月30日之前,采用统一试卷的地方与江苏省建筑工程管理局签订有关协议。

各地要充分认识二级建造师考试工作的复杂性、艰巨性和重要性,在时间紧任务重的情况下,要加强领导,专人负责,加强与各方面的协调,抓紧申请考试收费立项。各地要按照工作进度精心部署实施,抓紧完成二级建造师考核认定工作;如未完成二级考核认定工作的地方,建议考试和认定工作同时进行。

最后我要特别强调,二级建造师执业资格制度管理权限在地方,各地可以自行组织命题,也可选用全国统一提供的考试试题库,采用哪种方式完全由各地根据实际情况自主决定。但是,不管采用哪种方式,请各地建设行政主管部门及时主动与当地人事部门、物价部门协调落实有关工作,保证工作顺利开展。❖

关于推荐使用二级建造师执业资格考试题库有关事项的通知

建办市[2005]57号

有关省、自治区建设厅，直辖市建委：

为做好二级建造师执业资格的考试工作，应部分地方要求，我部拟建立二级建造师执业资格考试题库，供各地自愿选用。现将有关事项通知如下：

一、专业设置

二级建造师执业资格设10个专业，分别是：房屋建筑工程、公路工程、水利水电工程、电力工程、矿山工程、冶炼工程、石油化工工程、市政公用工程、机电安装工程、装饰装修工程。

二、考试科目

二级建造师执业资格考试每个专业设3个科目，分别是：《建设工程施工管理》、《建设工程法规及相关知识》、《专业工程管理与实务》。

三、题库建设

建设部负责组织专家建立二级建造师试题库。各地建设行政主管部门负责组织专家从题库中抽题并组卷、组织阅卷，并商当地人事行政主管部门确定合格标准。

建设部、人事部对全国二级建造师考试工作进行检查、监督、指导。

四、考试费用

各地根据考试工作需要向当地价格主管部门申请考试收费标准。建立题库发生的成本费用由抽题的地方按试卷份数分别向承办的省（自治区、直辖市）支付。

五、考试时间和地点

全国二级建造师执业资格考试时间统一在每年第一季度，具体考试时间根据各地考试计划另行通知。

全国二级建造师执业资格首次考试时间定于2005年11月19日、20日举行，考点由各地根据实际情况自行确定。

六、其他

二级建造师执业资格考试报考标准、考务管理、成绩管理、培训等其他事项，按《建造师执业资格制度暂行规定》（人发[2002]111号）和《建造师执业资格考试实施办法》（国人部发[2004]16号）的规定执行。

请按本通知及有关文件精神做好二级建造师执业资格考试的各项工作。

中华人民共和国建设部办公厅

二〇〇五年六月二十三日

1. 建造师与中国项目管理师是什么关系？

答：建造师与中国项目管理师没有直接关系。建造师是经人事部和建设部共同审批的一种执业资格制度，属于国家设定的准入性考试，是需要经过全国统一考试取得执业资格，然后注册并经由企业聘任担当项目经理；而中国项目管理师是由劳动和社会保障部在全国范围内推行的国家职业资格认证体系，是属于职业技能鉴定，是一项基于职业技能水平的考核活动，属于标准参照型考试。

2. 建造师执业资格考试与职称的关系？

答：通过建造师执业资格考试并不意味取得什么样的职称。但是取得高级职称且有全国一级项目经理证的可以在参加一级建造师执业资格考试时免考《建设工程经济》和《建设工程项目管理》；参加二级建造师执业资格考试时：(1) 取得一级项目经理资质证书，并具有中级及以上技术职称；或取得一级项目经理资质证书，从事建设项目施工管理工作满 15 年，可免《建设工程施工管理》和《建设工程法规及相关知识》考试。(2) 取得建筑施工二级项目经理资质证书，具有中级及以上技术职称，从事建设项目施工管理工作满 15 年，可免《建设工程施工管理》考试。

3. 首次一级建造师执业资格考试成绩为何推迟公布？

答：首次一级建造师执业资格考试阅卷工作需要相应的经费，而建设部报国务院审批的 2005 年行政经费中并未含此项经费；各地所收取的报名费，因个别地方收取报名费后汇交不及时，因而影响一级建造师考试费用预算审批。据悉，国家财政已拨款，阅卷工作即将启动。

4. 第二次一级建造师执业资格考试将推迟到什么时候举行？

答：受到首次一级建造师执业资格考试成绩公布的影响，原定于 2005 年 10 月 22 日、23 日在全国举行的一级建造师执业资格考试推迟，但具体考试日期尚未确定，具体考试时间另行通知，请大家关注《建造师》，我们将及时公布消息。或者登录中国建造师网（www.coc.gov.cn）参阅。

5. 2004 年的首次一级建造师执业资格考试推迟到 2005 年 3 月考，成绩计入为 2004 年。现在 2005 年的考试又推迟，也许是 2006 年才考试，那么成绩两年一滚动的政策能否将 2004 年的考试成绩滚动到 2006 年？

答：2004 年的考试虽然在 2005 年考，但可以计为一级建造师执业资格考试首次考试成绩，可以与第二次考试成绩滚动，不管第二次考试是在 2005 年，亦或是在 2006 年举行，都可以形成成绩滚动。这点请考生放心，但还是祝愿大家一次通过。

6. 首次二级建造师执业资格考试何时进行？

答：二级建造师执业资格考试《建设工程施工管理》的考试时间定于 2005 年 11 月 19 日 9 点至 12 点举行；《建设工程法规及相关知识》的考试时间定于 19 日 15 点至 17 点举行；《专业工程管理与实务》考试时间定于 20 日 9 点至 12 点举行。

7. 二级建造师执业资格考试命题方式？

答：二级建造师执业资格考试采取建设部推荐统一的试题库，各地自愿选择的方式，具体请参阅本书“政策法规”栏目中的相关内容。

8. 报考条件中，“工程类或工程经济类”专业应如何界定？

答：“工程类或工程经济类”专业包括：土木工程、建筑学、电子信息科学与技术、电子科学与技术、计算机科学与技术、采矿工程、矿物加工工程、勘察技术与工程、测绘工程、交通工程、港口航道与海岸工程、船舶与海洋工程、水利水电工程、水文与水资源工程、热能与动力工程、冶金工程、环境工程、安全工程、金属材料工程、无机非金属材料工程、材料成形及控制工程、石油工程、油气储运工程、化学工程与工艺、生物工程、制药工程、给水排水工程、建筑环境与设备工程、通信工程、电子信息工程、机械设计制造及其自动化、测控技术与仪器、过程装备与控制工程、电气工程及其自动化、工程管理、工业工程等 36 个专业。1998 年以前取得学位的，可按教育部现行《普通高等学校本科专业目录新旧专业对照表》确定自己所学专业是否属于“工程类或工程经济类”专业。

9. 报考条件中，学历和工作年限的具体含义是什么，二者是平行关系，还是先后关系？

答：报名条件中有关学历，是指经国家教育主管部门承认的正规学历。工作年限，是指报名人员取得规定学历前后工作时间的总和，其截止日期为当年年底。学历和工作年限应是平行关系，二者不存在先后关系，只要工作年限达到要求，并在报考前取得相应学历即可报名参加考试。工作年限包括两点要求，一是工作时间满足要求，一是从事建设工程项目施工管理工作的时间满足要求。

10. 二级建造师各科目的考试时间、题型、题量及分值比例是如何规定的？

答：二级建造师考试科目包括《建设工程施工管理》、《建设工程法规及相关知识》、《专业工程管理与实务》等3个科目，其考试时间、题型、题量及分值比例如下表：

序号	科目名称	考试时间（小时）	题型	题量及分值	满分
1	建设工程法规及相关知识	2	单选题	60，每题1分	100
			多选题	20，每题2分	
2	建设工程施工管理	3	单选题	70，每题1分	120
			多选题	25，每题2分	
3	专业工程管理与实务	3	单选题	40，每题1分	120
			多选题	10，每题2分	
			案例题	3，共60分	

11. 如何理解“考试成绩实行2年为一个周期的滚动管理办法”？

答：一级建造师考试成绩实行2年为一个周期的滚动管理办法，参加全部4个科目考试的人员必须在连续的两个考试年度内通过全部科目，但并不要求在一个考试年度必须通过几个科目或必须通过哪些科目。有的考生认为一年至少要通过两个科目，还有的考生认为第一年必须要通过工程经济和项目管理两个科目，这些理解都是不正确的。不过，免试部分科目的人员必须在一个考试年度内通过应试科目。

12. 如何报考多专业的一级建造师？

答：已经取得某个专业的建造师执业资格，同时由于从业需要，可以报考其他专业建造师考试。凡取得某一专业的建造师执业资格证书的人员，在报考其他专业建造师时，可免试“综合知识与能力”部分的3个科目，即不用再考《建设工程经济》《建设工程项目管理》《建设工程法规及相关知识》，只考《专业工程管理与实务》1个科目。

13. 一级建造师如何进行注册？

答：申请注册的人员必须同时具备以下条件：①取得建造师执业资格证书；②无犯罪记录；③身体健康，能坚持在建造师岗位上工作；④经所在单位考核合格。

一级建造师执业资格注册，由本人提出申请，由各省、自治区、直辖市建设行政主管部门或其授权的机构初审合格后，报建设部或其授权的机构注册。准予注册的申请人，由建设部或其授权的注册管理机构发放由建设部统一印制的《中华人民共和国一级建造师注册证》。

建造师执业资格注册有效期一般为3年，有效期满前3个月，持证者应到原注册管理机构办理再次注册手续。在注册有效期内，变更执业单位者，应当及时办理变更手续。再次注册者，除应符合上述条件外，还须提供接受继续教育的证明。❖

《建设工程招标代理合同示范文本》10月1日施行

日前，建设部与国家工商行政管理总局联合印发了《建设工程招标代理合同示范文本》，旨在规范工程建设项目招标代理机构的行为，加强对工程建设项目招标代理市场的监管。该示范文本自2005年10月1日起施行，今后，凡是在我国境内开展工程建设项目招标代理业务、签订工程建设项目招标代理合同时，应参照《建设工程招标代理合同示范文本》订立合同；签订工程建设项目招标代理合同的受托人应当具有法人资格，并持有建设行政主管部门颁发的招标代理资质证书。

《建设工程招标代理合同示范文本》由《协议书》、《通用条款》和《专用条款》组成。《通用条款》应全文引用，不得删改；《专用条款》应根据工程建设项目的实际情况进行修改和补充，但不得违反公正、公平的原则。

《公共建筑节能设计标准》7月1日实施

7月1日，《公共建筑节能设计标准》正式实施，这是我国批准发布的第一部公共建筑节能设计的综合性国家标准。该标准的发布实施，标志着我国建筑节能工作在民用建筑领域的全面铺开，必将对我国的建筑节能工作发挥重要作用。

此次发布的《公共建筑节能设计标准》，适用于新建、扩建和改建的公共建筑的节能设计。公共建筑包含商业建筑（如商场、金融建筑、旅馆饭店、娱乐场所等）、办公建筑（包括写字楼，政府部门办公楼等）、科教文卫建筑（文化、科研、医疗、卫生、体育建筑等）、邮电、通讯、广播电视建筑用房以及交通运输用房（如机场、车站建筑等）等。

《公共建筑节能设计标准》由中国建筑科学研究院、中国建筑业协会建筑节能专业委员会等全国23个单位共同编制完成。

《城市建筑垃圾管理规定》6月1日实施

建设部发布的《城市建筑垃圾管理规定》于2005年6月1日起施行。其主要内容包括：建筑垃圾处置实行减量化、资源化、无害化和谁产生、谁承担处置责任的原则。建筑垃圾消纳、综合利用等设施的设置，应当纳入城市市容环境卫生专业规划。

任何单位和个人不得将建筑垃圾混入生活垃圾，不得将危险废物混入建筑垃圾，不得擅自设立弃置场受纳建筑垃圾。居民应当将装饰装修房屋过程中产生的建筑垃圾与生活垃圾分别收集，并堆放到指定地点。建筑垃圾中转站的设置应当方便居民。施工单位不得将建筑垃圾交给个人或者未经核准从事建筑垃圾运输的单位运输。

对于单位和个人不按相关规定处置建筑垃圾的行为，在经济上给予严厉惩处。

建设行业多项新规4月1日开始实施

自今年4月1日起，建设行业多项新规将开始正式实施。这些新的法规、标准为建设行业带来了清新的春风。包括以下几大类：

1．社会公共服务设施必须安装防雷设备；
2．北京市建设工程概算定额有了新的标准；
3．无证楼盘不能典当；
4．建筑工程合同可以通过电子方式签署；
5．建材行业新推出17项新标准；
6．建设所需要的纳米材料有了国家标准；
7．建材机械行业燃烧器有了明确技术条件。

建设部修订推出“建筑业10项新技术（2005）”

随着建筑技术的快速发展，建筑业10项新技术自1994年发布以来，历经了1998年和2005年两次修订，日前，建设部修订推出了“建筑业10项新技术（2005）”。

此次修订在内容上作了大幅调整，扩大了覆盖面，包括地基基础和地下空间工程技术、高性能混凝土技术、高效钢筋与预应力技术、新型模板及脚手架应用技术、钢结构技术、安装工程应用技术、建筑节能和环保应用技术、建筑防水新技术、施工过程监测和控制技术和建筑企业管理信息化技术10个大项，43个小项，91个子项。

修订后的建筑业10项新技术以房屋建筑工程为主，突出通用技术，兼顾铁路、交通、水利等其他土木工程；突出施工技术，同时考虑与材料、设计必要的衔接；突出节能环保监测等新兴领域的技术，也总结了传统技术领域的最新发展成果；突出“新”技术，但前提是技术成熟可靠，有工程实践。

今后，建设部还将根据建筑技术的不断发展，适时对10项新技术的内容进行调整和补充。

工程监理取费标准有望年内提高

工程监理取费标准偏低一直是业内人士关注的话题。我国勘察设计、前期咨询等服务收费的标准都已先后作了调整，而监理行业目前依然沿用1992年的取费标准，监理收费过低使监理企业经营困难、技术人员流失严重，直接导致监理工作质量下降，严重制约了监理行业的健康发展。目前，这一状况将有望得以改善。

国家发展和改革委员会、建设部日前联合发布了《修订建设工程监理与咨询服务收费标准的工作方案》，拟对1992年原国家物价局和建设部颁发的工程建设监理收费标准进行修订，该方案已于4月1日发给有关部门和行业协会。有关部门和行业协会正在组织本专业工程监理与咨询收费标准的测算编制工作，新的收费标准将在年内正式出台。

地下管线档案5月1日起统一管理

由建设部发布的《城市地下管线工程档案管理办法》(建设部令第136号)将于今年5月1日起实施。该办法规定，城市地下管线的建设单位、专业管线管理单位、工程测量单位等，必须向城建档案管理部门送交地下管线工程档案，中包括地下管线工程竣工档案、专业管线图、1：500城市地形图等工程档案资料，否则将承担相应的法律责任。

《办法》规定，各地建设或规划行政主管部门及其所属的城建档案馆(室)，负责本行政区域内城市地下管线工程档案的管理工作，统一接收和集中管理全市的地下管线工程档案，并向社会提供信息查询和利用服务。

铁路建设市场壁垒再次松动 国内非公资本准入四大领域

继年初铁道部开放设计、施工、监理三大领域后，“铁老大”的壁垒再次松动，目前又放宽非公有制资本市场准入，并鼓励、支持和引导非公有制经济参与铁路建设经营。铁道部近日正式对外宣布，对国内非公有资本开放铁路建设领域、铁路运输领域、铁路运输装备制造领域以及铁路多元经营领域。

对于我国铁路建设此番大面积开放，不少建筑业企业表示出浓厚的兴趣，尤其是一些在BT、BOT、PPP等方面运作有所收获的企业，那些致力于走多元化发展之路的企业更视之为难得的机遇。

不过，也有企业表示，深入到一个长时间垄断的领域会遇到种种预想不到的阻力，期望政府早日出台具体实施细则以及配套措施。

内地与香港规划师、造价工程师及工料测量师实现资格互认

5月24日，内地与香港规划师、造价工程师与工料测量师互认协议签署仪式暨结构工程师首批互认人员颁证仪式在京举行。建设部副部长刘志峰、香港环境运输及工务局常任秘书长卢耀桢参加并致辞。

目前，内地与香港建造业已经有六个专业完成了互认安排，其中包括产业测量师、建筑师、结构工程师，以及此次签署协议的规划师、造价工程师和工料测量师。而通过前三项互认安排，两地先后共有超过600人取得对方的专业资格。此外，两地的监理工程师、岩土工程师、电气工程师等专业单位，也正在积极地进行商讨资格互认的工作。

美国项目管理协会中国代表处落户北京

最近，美国项目管理协会(PMI)中国代表处落户北京。随着中国经济的迅猛发展以及国际往来的日

渐频繁，加之奥运会、世博会等大型工程项目的开发建设，高层次、国际化的现代项目管理专业人员呈现需求缺口。

据中国官方预测，到2006年，中国经济发展将需要近60万名经培训的项目管理从业人员，以及10万名经过认证的项目管理专业人士。PMI的研究统计也表明，在中国超过7亿劳动力中，仅有约170万名项目管理从业人员，占总劳动力人口还不到1%。

正是看到现代项目管理在中国的发展前景广阔，PMI选择落户北京开设中国代表处。根据PMI对中国参加认证考试的人数所作的预测，到2005年年底，将会有大约5500名新的项目管理从业人员取得该证书。

北京：启用新的施工现场安全检查表

日前，北京市已全面启用新的施工现场安全检查表。该表根据建设部《建筑施工安全检查标准》(JGJ59-99)及北京市《建设工程施工现场安全防护、场容卫生、环境保护及保卫消防标准》(DBJ 01-83-2003)和《北京市建设工程施工现场生活区设置和管理标准》(DBJ 01-72-2003)等标准制定。据悉，北京市自1991年推行施工现场安全检查表以来，对规范施工现场管理和文明安全施工发挥了积极作用。但随着建筑市场的不断变化和法规标准的不断完善，旧的检查表已不能满足新的标准要求，新检查表将担负起进一步规范施工现场管理、确保文明安全施工的重任。

陕西：西安勘察设计市场有了新规范

《西安市建设工程勘察设计管理条例》(以下简称《条例》)近日正式发布实施，这是全国省会城市第一部勘察设计管理条例。《条例》从勘察设计资格管理、招标投标管理和质量管理三个方面对勘察设计活动进行了规范，不仅对如何保证勘察设计质量作出了具体规定，而且赋予了相关管理部门更为具体的管理手段和管理责任。

《条例》针对勘察设计主体从业资格管理不规范的问题作出了明确规定。从事建设工程勘察设计的单位，必须持有国务院建设行政管理部门或省级建设行政主管部门颁发的建设工程勘察设计资质证书，并在资质等级许可的范围内承揽勘察设计业务；建设工程勘察设计的注册执业人员和其他专业技术人员只能受聘于一个勘察设计单位；建设工程勘察设计依法实行招标发包或直接发包，任何单位和个人不得将依法必须进行招标发包的项目直接或以其他任何形式规避招标发包等等。

吉林：建筑市场管理条例即将出台

为加强建筑市场管理、维护市场秩序、保护建筑经营活动当事人合法权益，吉林省经过省人大常委会审议，将出台建筑市场管理条例。今后吉林省解决建筑单位拖欠劳务人员工资问题，将有法可依。

据悉，这部条例共分11章92条，分别从资质和资格、工程发包、工程承包、建设监理及中介服务、合同与造价、建筑质量与安全、施工安全等方面进行了详细的规定。

吉林省人大法制委员会副主任委员张文显表示，建筑单位欠劳务人员工资，主要是由于建设单位不能按合同约定和工程进度及时向建筑单位支付工程款造成的，而建设单位不能按时向建筑单位拨付工程款，主要是建设资金未落实就开工造成的。所以，解决这个问题要从源头上作出规定。

南昌：企业缺乏诚信将不得入市

日前，南昌市出台《建筑业施工企业诚信管理规定(试行)》。从9月1日起，该市所有包括施工、家装等建筑企业都要持有《诚信管理手册》，未与劳务分包企业签订书面劳务分包合同、劳动用工管理不规范以及克扣或拖欠务工人员工资的要收回《诚信管理手册》，没有该手册的企业不能进行招投标承接新的工程。

根据规定，《诚信管理手册》是南昌市和驻南昌的建筑业企业在南昌合法承接工程的信用档案，记录企业及项目经理在昌的业绩和奖惩情况。只有持《诚信管理手册》才可参加本市所辖范围内的建设工程招投标活动。申报《诚信管理手册》的建筑企业除了要具备一定资质和条件外，还必须不能有拖欠农民工工资的情况。❖

全国一级建造师执业资格考试用书简介

《全国一级建造师执业资格考试用书》（简称考试用书）是在《一级建造师执业资格考试大纲》（简称考试大纲）的基础上，由建设部统一领导，有关专业部门、行业协会、中央管理的企业、相关专业高等院校与研究院所分工负责编写。经过全国众多的权威专家合力打造，考试用书共14个专业实务用书（《房屋建筑工程管理与实务》《公路工程管理与实务》《铁路工程管理与实务》《民航机场工程管理与实务》《港口与航道工程管理与实务》《水利水电工程管理与实务》《电力工程管理与实务》《矿山工程管理与实务》《冶炼工程管理与实务》《石油化工工程管理与实务》《市政公用工程管理与实务》《通信与广电工程管理与实务》《机电安装工程管理与实务》《装饰装修工程管理与实务》），3个综合科目用书（《建设工程经济》《建设工程项目管理》《建设工程法规及相关知识》），1本辅助用书（《建设工程法律法规选编》）终于在2004年5月向全国发行，满足了广大考生复习参考的需求。

考试用书紧密结合考试大纲，将相关领域的专业知识和争议较大的理论观点和名词解释等内容汇集成册，综合科目考试用书突出对基础理论知识的了解和掌握，专业实务考试用书突出对基础理论知识的熟练运用；综合科目侧重工程项目管理，专业实务侧重专业技术管理；综合科目偏重对通用理论知识的了解和掌握，专业实务偏重对专业理论知识的了解和掌握；综合科目体现综合能力考核，专业实务体现专业能力考核。

专业实务考试用书包括从事工程项目管理所应具备的相关知识点，以突出“施工阶段”管理为重点。内容包括：专业工程法律、法规、规范、标准；专业理论知识与技术；专业工程案例。

结合考试大纲的编制特点，考试用书重点体现“五个特性”，坚持“六个结合”。即体现“综合性、实践性、通用性、国际性和前瞻性”；坚持“与建造师的定位相结合，与目前大专院校专业学科设置相结合，与现行工程建设标准相结合，与现行法律法规相结合，与国际通行做法相结合，以及目前项目经理资质管理向建造师执业资格制度平稳过渡相结合”。

另外，考虑到众多考生离开学校很久，对于考试已经陌生的实际情况，中国建筑工业出版社还组织专家、结合考试大纲和考试用书编写了《全国一级建造师执业资格考试辅导》，其全面覆盖所有知识点要求，力求突出重点，解释难点。题型参照考试大纲中“考试样题”的格式及要求，力求练习题的难易、大小、长短、宽窄适中，便于大家练习和掌握考试方法与技巧。《建设工程经济复习题集》、《建设工程项目管理复习题集》、《建设工程法规及相关知识复习题集》以单选题和多选题作练习，《专业工程管理与实务复习题集》以单选题、多选题、案例题作练习。题集中附有参考答案、难点解析、案例分析以及综合测试等。为了提高应试考生的复习效果，《建设工程经济复习题集》、《建设工程项目管理复习题集》、《建设工程法规及相关知识复习题集》配有练题软件光盘，并附有升级功能，可从中国建筑工业出版社网站（http：//www.china－abp.com.cn）上通过配书光盘指定路径下载专业工程管理与实务（房屋建筑、铁路、水利水电、电力、矿山、石油化工、市政公用、机电安装和装饰装修9个专业）复习题中的部分单选题和多选题，也可以通过中国建筑工业出版社网站了解一级建造师执业资格考试的相关信息。

考试用书中所提供的知识对提高工程项目施工

全国二级建造师执业资格考试用书简介

《全国二级建造师执业资格考试用书》（简称考试用书）是在《二级建造师执业资格考试大纲》（简称考试大纲）的基础上，由建设部统一领导，有关专业部门、行业协会、中央管理的企业、相关专业高等院校与研究院所分工负责编写。

由于存在二级应考人员与一级应试人员的综合素质要求的差异，二级考试用书除结合二级考试大纲外，还充分考虑到应考人员的专业素质，把需要掌握的重点和对于知识点的理解需要获取的相关知识在每章开篇予以概要的介绍，便于应考人员复习时掌握。

同时，为使大家分解考试用书中相关知识点的解答，换一种模式复习考试用书中的内容，随书光盘中还准备了大量的问答，促进大家记忆书中的知识点，以期达到更好的复习效果。

经全国上百位权威专家合力打造，二级考试用书于2004年10月面向全国发行，共10个专业实务用书（《房屋建筑工程管理与实务》《公路工程管理与实务》《水利水电工程管理与实务》《电力工程管理与实务》《矿山工程管理与实务》《冶炼工程管理与实务》《石油化工工程管理与实务》《市政公用工程管理与实务》《机电安装工程管理与实务》《装饰装修工程管理与实务》），2个综合科目用书（《建设工程施工管理》《建设工程法规及相关知识》），1本辅助用书（《建设工程法律法规选编》）。

同时，也考虑到众多考生离开学校很久，对于考试已经陌生的实际情况，中国建筑工业出版社还组织专家、结合考试大纲和考试用书编写了《全国二级建造师执业资格考试辅导》，其全面覆盖所有知识点要求，力求突出重点，解释难点。题型参照考试大纲中“考试样题”的格式及要求，力求练习题的难易、大小、长短、宽窄适中，便于大家练习和掌握考试方法与技巧，也便于应考人员理解考试的模式和难易程度。《建设工程施工管理复习题集》、《建设工程法规及相关知识复习题集》以单选题和多选题作练习，《专业工程管理与实务复习题集》以单选题、多选题、案例题作练习。题集中附有参考答案、难点解析、案例分析以及综合测试等。为了提高应试考生的复习效果，《建设工程施工管理复习题集》、《建设工程法规及相关知识复习题集》配有练题软件光盘，并附有升级功能，可从中国建筑工业出版社网站上通过配书光盘指定路径下载专业工程管理与实务复习题中的部分单选题和多选题，也可以通过中国建筑工业出版社网站了解二级建造师执业资格考试的相关信息。

愿参加全国二级建造师执业资格考试的考生通过学习考试用书，将自身的施工管理素质提高，更加自如地解决在施工过程中遇到的问题，从而保证工程项目的顺利实施。更愿通过大家学习考试用书上的知识，使建设工程领域施工管理人员的整体素质得以快速地提高，从而规范建筑市场秩序、提高工程项目管理水平、促进工程质量安全更快更好地发展。❖

管理人员素质、整顿规范建筑市场秩序、提高工程项目管理水平、促进工程质量安全，以及培育人才、建立合理的人才流动机制都将发挥重要作用。

目前，我国施工企业项目经理队伍的人员素质和管理水平参差不齐，专业理论水平和文化程度总体偏低。今后，企业聘任经学习考试用书、参加考试并取得执业资格的建造师担任施工企业项目经理，将有助于促进其素质和管理水平的提高，有利于保证工程项目的顺利实施。这也将是所有组织编写的部门和参与编写的专家们欣慰的事。❖

架设与建设者沟通的桥梁

——《中国首批一级建造师名录》

2005年2月22日，建设部和人事部联合发布了《关于公布一级建造师执业资格考核认定结果的通知》，标志着我国首批一级建造师的考核认定工作圆满完成。本次认定范围包括14个专业，共有19585人通过认定。认定的通过无疑是对这些长期从事建筑工程施工管理工作业绩突出、职业道德行为良好的建设者们的高度认可。

为了做好此次考核认定工作，建造师办公室组织大批专家对全国2.5万份申报材料进行了严格的初审、复审，最后认定的19585名一级建造师中，包括房屋建筑工程专业8549名，公路工程专业2211名，铁路工程专业651名，民航机场工程58名，港口与航道工程专业458名，水利水电工程专业1307名，电力工程专业957名，矿山工程专业357名，冶炼工程专业702名，石油化工工程专业934名，市政公用工程专业1203名，通信与广电工程专业294名，机电安装工程专业1236名，装饰装修工程专业668名。

本名录按以上14个专业顺序编排，每一个专业的姓名按姓氏笔画排序，主要信息是提供每位建造师的工作单位和通讯地址。这本名录的出版对于我国首批一级建造师具有重要的纪念意义，对于广大工程咨询、勘察、设计、施工、监理、招标代理、造价咨询和建设单位具有一定收藏价值，也可供广大建设单位、工程设备和建筑材料供货商参考。

证订号:13225　　定价:396.00元

读者调查表

1. 您最希望在本书继续出版以后还能看到的栏目是哪些?

2. 本书中您最喜欢的文章是哪些?

3. 您最希望在本书继续出版时增加什么栏目?

4. 您最希望在本书继续出版时增加什么类型的文章?

5. 您希望我社还需要就本书继续为您提供哪些服务?

6. 您认为本书的出版能对新产生的建造师们提供多大的帮助?
( )很大 ( )较大 ( )大 ( )一般 ( )不大

7. 您认为我们还需要在哪些方面做些改进、完善?

8. 您是否是建造师,或者需要向建造师方向努力:

9. 您会在拿到本书多长时间才向其他您认为可能需要本书的朋友或者同事推荐:
( )看完后 ( )一周后 ( )两周后 ( )一个月后 ( )不推荐

10. 您的联系方法:

姓名:____________ 单位:____________________ 职务:__________

电话:____________ 地址:____________________ 邮编:__________

职称:____________ E-mail:____________________

2005 建造师国际论坛·中国三亚

IFC (International Forum of Constructors) 2005. Sanya China

2005 年 10 月 16～17 日在海南省三亚市举行建造师国际论坛，本论坛由国内多所高等院校、知名企业和国际建造师学会等多家单位联合主办。

论坛的主题：中国建造师与工程建设发展

作为论坛举办地的中国三亚，是中国东南沿海对外开放黄金海岸线上最南端的重要口岸，一个国际热带海滨风景旅游新城。

论坛主办单位

同济大学
东北财经大学
哈尔滨工业大学
北京交通大学
中国建筑工业出版社
中国建筑学会建筑统筹管理分会
北京中际天建造咨询中心
上海同济工程项目管理咨询有限公司
英国皇家特许建造学会（CIOB）

论坛组织机构

本论坛将聘请政府主管领导、企业界和理论界著名人士作为顾问，组成组委会。

联合主席

丁士昭先生	同济大学教授 国际建造师协会副主席
Michael Brown 先生	英国皇家特许建造学会（CIOB）副主席
Roger Liska 先生	美国 CLEMSON 大学教授 原美国建造师学会（AIC）主席

论坛议题

1. 建造师制度及其发展
2. 建造师在工程建设中的地位和作用
3. 建造师与企业发展
4. 建造师的执业要求及继续教育
5. 建造师的国际互认

6. 建造师与项目经理
7. 建造师与工程管理

论坛主题及发言人

1. 建造师制度及其发展，中国建造师制度的实施	政府主管部门有关领导
2. 建造师在工程建设中的地位和作用，建造师与工程管理专业	丁士昭
3. 建造师的教育纲要，建造师的国际互认	Michael Brown
4. 建造师的继续教育及考试	Roger Liska

会议地点及日程

地点：中国海南三亚喜来登酒店

10 月 15 日		代表报到
10 月 16 日	上午	论坛开幕典礼 2 个主题发言
	下午	一般发言，讨论
	晚上	欢迎晚宴
10 月 17 日	上午	3 个主题发言
	下午	一般发言，讨论
10 月 18～19 日		会议考察（自选）
10 月 20 日		返程

会议语言

会议语言：中文、英语

注册

会议注册费包括会议期间的各项学术活动，会议资料，餐费。
会议期间住宿费自理。

联系方法

联系人：曹翠玲、郭月
电子邮件：ifcchina@edufe.com.cn
电话：86-411-84738391 84738336
传真：86-411-84712599
http://www.ifc-china.org
通信地址：中国大连市沙河口区尖山街 217 号
东北财经大学网络教育学院
建造师国际论坛·中国三亚组委会
邮编：116025

建造师国际论坛组委会
2005 年 6 月 28 日

《专业工程管理与实务》(房屋建筑)	张婀娜	人民大学教授、考试大纲及考试用书编委
	杨卫东	同济咨询董事长、考试大纲及考试用书编委
	刘 禹	东北财经大学讲师

最具个性化的咨询服务

咨询电话、电子邮件、bbs 论坛、在线答疑、考前面授辅导,多种服务方式任您选择,随时随地提出工作和学习问题,强大的专家队伍为您答疑解惑,充分满足您的个性需求。

最灵活的学习方式

完全突破了传统学习时间、地点上的种种限制,学员可通过网络,随时随地点播课件进行学习,避免时间、精力、金钱的多重浪费,自主安排学习进度,充分享受网络学习的乐趣。

最具针对性的习题

资深教授针对考试设计随堂随练、考前练习题,让您快速把握重点,顺利通过考试。

最先进的课件技术

最先进的流媒体课件,视听同步进行,画面播放流畅,音质清晰,视频、音频自由选择,享受身临其境的教学效果。

招聘启事

因工作需要，现面向全国公开招聘《建造师》编辑，具体要求如下：

1. 本科学历以上，土木工程、工民建或工程管理相关专业毕业；
2. 有较高的思想政治素养和良好的职业道德，遵纪守法，服从领导，廉洁自律；
3. 三年以上工作经历，主要从事工作为建设工程施工、工程管理、工程咨询等，或建设工程相关专业编辑出版工作；
4. 有一定的文字功底，文笔好更佳，与人沟通能力强；
5. 有一定的英语阅读能力；
6. 有较强的策划能力，有杂志等媒体相关工作经历更佳；
7. 年龄在35周岁以内，身体健康；
8. 户口不限，工作地点在北京，北京户口更佳。

招聘工作即日开始，请将本人简历（附个人生活照片一张，简历内容叙述一定要真实，工作描述要求切实）投递至本编辑部，地址同下。

征稿启事

为使本书内容更加丰富，也使内容更加贴近建造师，更好地为中国建造师服务，现面向全国建设行业的专家、学者、公务员、教师以及广大一线实践者征集有关建造师考试、执业、注册、继续教育和其他相关专业发展方向的稿件，内容应涉及：

"建设工程经济"；

"建设工程项目管理"；

"建设工程法规及相关知识"；

"各专业工程的施工技术、施工管理实务及相关法规"的学习心得、研究成果、前沿知识、经验总结、案例分析等，同时也向广大读者征集适用于全国一、二级建造师执业资格考试的综合科目（《建设工程经济》《建设工程项目管理》《建设工程法规及相关知识》）和各专业工程项目管理案例的习题和解析，一经征用，我们都将给予相应稿费（也可以用您需要的我社出版的图书替代）。

来稿要求所提供材料为自己拥有著作权的稿件，否则由此引起的法律和相关问题由提供者本人负责。随稿件同时提供作者联系方法、身份证号码（以便领取稿费时使用），其他事项请届时注意我社其他相关通知。来稿一律不退，请作者自留底稿，以便查证。

稿件可以通过以下联系方法送达：

北京百万庄中国建筑工业出版社　《建造师》编辑部（收）　邮编：100037

E-mail：jzs@china-abp.com.cn